安全生产“谨”上添花图文知识系列手册

用电安全常识宣传教育手册

东方文慧　中国安全生产科学研究院　编

中国劳动社会保障出版社

图书在版编目(CIP)数据

用电安全常识宣传教育手册/东方文慧，中国安全生产科学研究院编. —北京：中国劳动社会保障出版社，2014

(安全生产“谨”上添花图文知识系列手册)

ISBN 978-7-5167-1101-9

Ⅰ. ①用… Ⅱ. ①东…②中… Ⅲ. ①安全用电-手册 Ⅳ. ①TM92-62

中国版本图书馆 CIP 数据核字(2014)第 097207 号

中国劳动社会保障出版社出版发行

(北京市惠新东街 1 号 邮政编码：100029)

*

北京市艺辉印刷有限公司印刷装订 新华书店经销

880 毫米×1230 毫米 32 开本 3 印张 63 千字

2014 年 5 月第 1 版 2023 年 6 月第 12 次印刷

定价：20.00 元

营销中心电话：400-606-6496

出版社网址：http://www.class.com.cn

编委会名单

前 言

生产经营单位发生的大量事故，促使人们探求事故发生的原因及规律，建立事故发生的模型，以指导事故的预防，减少或避免事故的发生，于是就有了事故致因理论。

各种事故致因理论几乎都有一个共识：人的不安全行为与物的不安全状态是事故的直接原因。无知者无畏，不知道危险是最大的危险。人为失误、违章操作是安全生产的大敌。有资料表明，工矿企业80%以上的事故是由于违章引起的。因此，即使在现有的设备设施状况、作业环境、管理水平下，如果大幅度减少违章，安全生产状况也会有显著改善。

作业人员遵章守纪，是安全生产的重要前提之一，其重要性不言而喻。企业员工要具备与自己的工作岗位相适应的生理、心理与行为条件，要具有熟练的操作技能，还应具备故障监测与排除、事故辨识与应急操作、事故应急救援等技能。这就是打造所谓“本质安全人”的基本要求，这也是企业面临的重要而艰巨的任务。

多年来，东方文慧为“本质安全人”奉献了大量优秀的安全文化产品。“安全生产‘谨’上添花图文知识系列手册”的策划出版，是一件十分有意义的事情。系列手册内容翔实，图文并茂，通俗易懂，是企事业单位安全生产培训与宣教以及职工自主学习的优秀资源。

我相信，企业职工通过对书中安全生产知识的学习，安全素质将会得到有益的提升，为做好企业的安全生产工作增砖添瓦。我愿意将系列手册推荐给广大职工，同时将我的祝福送给各位朋友：平安相随，幸福相伴！

赵云胜

目 录

第一章

用电安全基础知识

第一节　电流对人体的伤害

一、电流对人体的伤害

电流可能对人体造成多种伤害。例如，电流通过人体，人体直接接受电流能量，将遭到电击；电能转换为热能作用于人体，致使人体受到烧伤或灼伤；人在电磁场照射下，吸收电磁场的能量也会受到伤害。在这些伤害中，电击伤害是最基本的形式。

与其他伤害不同，电流对人体的伤害事先没有任何预兆，伤害往往发生在瞬息之间。另外，人体一旦遭受电击后，防卫能力迅速降低。这两个特点都增加了电流伤害的危险性。

1. 电击

电击是电流通过人体，机体组织受到刺激，肌肉不由自主地发生痉挛性收缩造成的伤害。严重的电击可使人的心脏、肺部神经系统的正常工作受到破坏，甚至危及生命。数十毫安的工频电流即可使人遭受致命的电击。电击致伤的部位主要在人体内部，而在人体外部不会留下明显痕迹。

50 mA（有效值）以上的工频交流电流通过人体，一般既可能引起心室颤动或心脏停止跳动，也可能导致呼吸中止。但是，前者的出现比后者早得多，即前者是主要的。

如果通过人体的电流只有 20 ~ 25 mA，一般不会直接引起心室颤动或心脏停止跳动，但如时间较长，仍可导致心脏停止跳动。这时，心室颤动或心脏停止跳动主要是由于呼吸中止导致机体缺氧引起的。

电休克是机体受到电流的强烈刺激发生强烈的神经系统反射，使血液循环、呼吸及其他新陈代谢发生障碍，以致神经系统受到抑制，出现血压急剧下降、脉搏减弱、呼吸衰竭、神志昏迷的现象。电休克状态可以延续数十分钟至数天。其后果可能是得到有效的治疗而痊愈，也可能由于重要生命机能完全丧失而死亡。

2. 电伤

电伤是由电流的热效应、化学效应、机械效应等对人体造成的伤害，造成电伤的电流都比较大。电伤会在机体表面留下明显的伤痕，但其伤害作用可能深入体内。

与电击相比，电伤属局部性伤害。电伤的危险程度决定于受伤面积、受伤深度、受伤部位等因素。

电伤包括电烧伤、电烙印、皮肤金属化、机械损伤、电光眼等多种伤害。

电烧伤是最常见的电伤，大部分电击事故都会造成电烧伤。电烧伤可分为电流灼伤和电弧烧伤。电流越大，通电时间越长，电流途经的电阻越小，则电流灼伤越严重。由于人体与带电体接触的面积一般都不大，加之皮肤电阻又比较高，使得皮肤与带电体的接触部位产生较多的热量，因而受到严重的灼伤。当电流较大时，可能灼伤皮下组织。

因为接近高压带电体时会发生击穿放电，所以电流灼伤一般发生在低压电气设备上，往往数百毫安的电流即可导致灼伤，数安的电流将造成严重的灼伤。

电烙印是电流通过人体后，在接触部位留下的瘢痕。瘢痕处皮肤硬变，失去原有弹性和色泽，表层坏死，失去知觉。

皮肤金属化是金属微粒渗入皮肤造成的。受伤部位变得粗糙而张紧。皮肤金属化多在弧光放电时发生，而且一般都伤在人体的裸露部位。当发生弧光放电时，与电弧烧伤相比，皮肤金属化不是主要伤害。

电光眼表现为角膜和结膜发炎。在弧光放电时，红外线、可见光、紫外线都可能损伤眼睛。对于短暂的照射，紫外线是引起电光眼的主要原因。

二、电流对人体危害的因素

1. 通过人体电流的大小

不同的电流会引起人体不同的反应。按习惯，人们通常把电击电流分为感知电流、摆脱电流和室颤电流等。

（1）感知电流

感知电流是在一定概率下，通过人体引起人有任何感觉的最小电流。对于工频电流有效值，概率为 50% 时，成年男子平均感知电流约为 1.1 mA，成年女子约为 0.7 mA；对于直流电流，成年男子平均感知电流约为 5.2 mA，成年女子约为 3.5 mA；对于 10 kHz 高频电流，成年男子平均感知电流约为 12 mA，成年女子约为 8 mA。

感知电流一般不会对人体构成伤害，但当电流增大时，感觉增强，反应加剧，可能导致坠落等二次事故。

（2）摆脱电流

摆脱电流是在一定概率下，人触电后能自行摆脱带电体的最大电流。摆脱电流与个体生理特征、电极形状、电极尺寸等因素有关。对于工频电流有效值，摆脱概率为 50% 时，成年男子和成年女子的摆脱电流分别约为 16 mA 和 10.5 mA；摆脱概率为 99.5% 时，成年男子和成年女子的摆脱电流约为 9 mA 和 16 mA。

摆脱电流是人体可以忍受但一般尚不致造成不良后果的电流。电流超过摆脱电流以后，人会感到异常痛苦、恐慌和难以忍受；如时间过长，则可能昏迷、

窒息，甚至死亡。因此，可以认为摆脱电流是表明有较大危险的界限。

（3）室颤电流

室颤电流是电流通过人体引起心室发生纤维性颤动的最小电流。在心室颤动状态下，心脏每分钟颤动 800 ~ 1 000 次，但幅值很小，而且没有规则，血液实际上终止循环。一旦发生心室颤动，数分钟内即可导致死亡。在不超过数百毫安的小电流作用下，心室颤动是电击致命的主要原因。电流直接作用于心肌或通过中枢神经系统的反射作用，均可能引起心室颤动。室颤电流除决定于电流持续时间、电流途径、电流种类等电气参数外，还决定于肌体组织、心脏功能等个体生理特征。当电流持续时间超过心脏搏动周期时，人的室颤电流约为 50 mA；当电流持续时间短于心脏搏动周期时，人的室颤电流为数百毫安。当电流持续时间在 0.1 s 以下时，如电击发生在心脏易损期，500 mA 以上乃至数安的电流可引起心室颤动；在同样电流下，如果电流持续时间超过心脏跳动周期，可能导致心脏停止跳动。

2. 电流通过人体的持续时间

电击时间越长，电流对人体引起的热伤害、化学伤害及生理伤害就越严重。另外，电击时间长，人体因出汗等原因导致电阻值下降，使电击电流进一步增加，因而危险性也会增加。

安全妙语“谨”上添花

用电作业须谨慎　　发生事故可致命
伤害多具突发性　　毫无征兆就发生

三、常见的触电方式

根据人体触及带电体的方式可将触电分为单相触电、两相触电和跨步电压触电。

当人站在地上或其他导体上，身体一部分接触到带电线路的其中一相的触电方式称单相触电。若电网的中性点接地，此时人体将承受相电压的危险。若线路对地绝缘，即中性点不接地，则电流将通过人体、大地及线路的对地电容和绝缘电阻流回电源，当电容较大或线路对地绝缘电阻下降时，也有触电的危险。触电事故中大多属于单相触电。

当人体同时触及线路的两相导体时，引起的触电称两相触电，因人体承受线电压的作用，因此，是最危险的触电方式。

当电气设备发生接地故障或高压线路断裂落地时，在故障点

20 m 以内形成由中心向外电位逐渐减弱的电场，当人进入该区域时，因两脚之间存在电位差（即跨步电压）而引起触电，这种触电方式称跨步电压触电。

四、常见触电事故的原因

（1）电气线路或设备安装不良、绝缘损坏、维护不利，当人体接触绝缘损坏的导线或漏电设备时，发生触电。

（2）非电气人员缺乏电气常识而进行电气作业，乱拉乱接，错误接线，造成触电。

（3）用电人员或电气工作人员违反操作规程，缺乏安全意识，思想麻痹，导致触电。

（4）电器产品质量低劣导致触电事故发生。

（5）偶然因素，如大风刮断电线而落在人身上，误入有跨步电压的区域等。

五、触电事故的一般规律

触电事故对一个人来讲是偶发事件，没有规律，但通过对大量触电事故的分析表明，触电事故是有规律的，了解和掌握这些规律可以更好地加强防范，降低触电事故的发生机会。

1. 触电事故与季节有关

通常在每年二三季度，特别是6 ~ 9月事故最为集中，主要因为这段时间雨水多、空气湿度大，降低了电气设备及线路的绝缘，高温多汗使人体皮肤电阻下降，且人穿戴较少，防护用品及绝缘护具佩戴不全，都增加了触电的危险性。

2. 低压触电事故多于高压

低压线路和设备应用最广，生产及生活中与人接触最多，且线路简单，管理不严，加之人们对低压警惕性不够，有麻痹思想，导致低压触电事故的发生率较高。高压线路则相反，人们接触少，从业人员素质较高，管理严格，发生触电情况相对较少。

3. 单相触电事故多

触电事故多为线路及设备绝缘低劣引起漏电所致，多相漏电会引起保护装置动作，而单相故障则不会引起跳闸从而使人触电。

4. 触电事故在电气连接部位发生较多

在导线接头、导线与设备连接点、插座、灯头等连接处因机械强度及绝缘强度不足，人员接触多而引发较多的触电事故。

5. 使用移动式及手持电动工具时易发生触电

因与人体直接接触，设备需要经常移动，再加上使用环境恶劣，电源线常受拉受磨，设备及电源线易发生漏电，当防护不当时会导致触电。

6. 触电事故与环境有关

在生产一线（如井场、建筑施工等露天作业情况），因用电环境恶劣，线路安装不规范，现场复杂不便管理等原因引发触电事故较多。

另外，触电者多为中青年；因违反操作规程导致触电者居多；触电事故常常由两个及两个以上原因造成。

安全妙语“谨”上添花

触电事故多发生　　线路漏电是主因
安全意识须强化　　莫失足成受害人

第二节　触电防护技术

一、绝缘防护

绝缘是最基本、最普通的电气防护措施，常用的绝缘材料有瓷、玻璃、云母、橡胶、木材、胶木、塑料、布、纸、矿物油漆等。良好的绝缘可实现带电体相互之间、带电体与其他物体之间、带电体与人之间的电气隔离，保证电气设备及线路正常工作，防止人身触电事故的发生。若绝缘下降或绝缘损坏，可造成线路短路，设备漏电而使人触电。

绝缘材料在强电场或高压作用下会发生电击穿而丧失绝缘性能，在腐蚀性气体、蒸气、潮气、粉尘环境下或机械损伤会降低绝缘性或导致表面破坏；在正常工作下因受到温度、气候、时间的长期影响会逐渐“老化”而失去绝缘性能。

绝缘材料的性能用绝缘电阻、击穿强度、泄漏电流和介质损耗等指标来衡量，其中绝缘电阻是最基本的绝缘性能指标。不同线路或设备对绝缘电阻的要求不同。线路每伏工作电压绝缘电阻不小于 1 000 Ω；低压设备绝缘电阻不小于 0.5 MΩ；移动式设备或手持电动工具不小于 2 MΩ；双重绝缘设备（Ⅱ类设备）绝缘电阻不小于 7 MΩ。

测量绝缘电阻的方法是采用兆欧表，也称摇表。应当根据被测对象的额定电压等级来选择不同电压的兆欧表进行测量。

绝缘安全用具如绝缘杆、绝缘夹、绝缘钳、绝缘靴、绝缘手套、绝缘垫、绝缘台、绝缘挡板等用绝缘材料制成，是用来防止工作人员触电的安全保护用具，在使用前应认真检查，注意其电压等级。低压安全用具不得用于高压。安全用具应妥善保管，防止受潮、脏污或破损。应对安全用具定期进行耐压试验和泄漏电流试验，以确保安全。

二、屏护和安全间距

1. 屏护

屏护是采用遮栏、栅栏、护罩、护盖和箱匣等将电气装置的带电体同外界隔绝开来的一种防止触电的手段。应严格遵守低压设备装设外壳、外罩的规定，高压设备不论有无绝缘均采用屏障防护。屏护装置应保证完好，安装牢固，根据环境分别具有防水、防雨、防火等安全措施。金属屏护装置为防止带电还应可靠接地或接零。

2. 安全间距

间距又称安全距离，指为防止发生触电或短路而规定的带电体之间、带电体与地面及其他设施之间、工作人员与带电体之间所必须保持的最小距离或最小空气间隙。

架空线路之间，与地面、水面、建筑物、树木及其他电气线路之间的安全间距都有具体规定。户内线路与煤气管、暖水管等也必须保证足够的安全距离。

为了防止触电，在检修中人体及其所携带工具与带电体之间也必须保证足够的安全距离。

低压工作中，最小检修距离为 0.1 m；高压无遮栏工作中，最小检修距离为 10 kV 不小于 0.7 m；20 ~ 35 kV 不小于 1 m。

在架空线路附近工作时，起重机、钻机或较长的金属体与线路的最小距离 1 kV 及以下为 1.5 m；10 kV 为 2 m；35 kV 为 4 m。

三、安全标志

安全标志是保证安全用电的一项重要的防护措施。在容易产生混淆、发生错误的作业场所，在有触电危险和其他事故危险之处，必须设有明显的安全标志，以便于识别，引起警惕，防止事故发生。

标志牌包括文字、图形及安全色，是标志的一种重要形式，可分禁止、允许和警告三类。

（1）禁止类标示牌如“禁止合闸，有人工作”等，在停电工作场所悬挂在电源开关设备的操作手柄上，以防止发生误合闸送电事故。

（2）允许类标示牌如“在此工作”“从此上下”等，悬挂在工作场所的临时入口或上下通道外，表示安全和允许。

（3）警告类标示牌如“止步，高压危险！”“禁止攀登、高压危险”等，悬挂在遮栏、过道等处，告诫人们不得跨越，以免发生危险。

安全色用不同颜色表示不同意义，使人们能够迅速注意或识别。红色表示禁止、停止和消防；黄色表示注意危险，如“当心触电”；蓝色表示强制执行，如“必须戴安全帽”；绿色表示安全、工作、运行等意义，如“已接地”。

在一经合闸即可送电至工作地点的开关和刀闸的操作把手上，在有人工作的线路开关和刀闸的操作把手上，在工作地点或高压设备的围栏、遮栏上，均应在明显的地方悬挂令人醒目的标示牌。标示牌在使用过程中，严禁拆除、更换和移动。

四、安全电压

对于工作人员需要经常接触的电气设备，潮湿环境和特别潮湿环境或触电危险性较大的场所，当绝缘等保护措施不足以保证人身安全，又无特殊安全装置和其他安全措施时，为确保工作人员的安全，必须采用安全电压。

我国规定工频电压有效值的额定值有 42 V、36 V、24 V、12 V 和 6 V。特别危险环境中使用的手持电动工具应采用 42 V 安全电压，有电击危险环境中使用的手持照明灯和局部照明灯应采用 36 V 或 24 V 安全电压，金属容器内、特别潮湿处等特别危险环境中使用的手持照明灯应采用 12 V 安全电压。水下作业等场所应采用 6 V 安全电压。

安全电压必须由双绕组变压器获得。用自耦变压器、降压电阻等手段获得的低电压不可认为是安全电压。

在使用安全电压时，应注意安全电压与其他等级电压的区别，特别是几种电压集中于同一处时，应注意避免混淆和接错。

五、短路保护

当线路或设备发生短路时，因短路电流比正常电流大许多倍，会使线路或设备烧坏，引发电气火灾，同时也会使设备带上危险电压而导致触电事故。

为了避免这种情况发生，线路必须具有短路保护装置，一旦发生短路，能迅速切断电源。熔断器是应用最广的短路保护装置，熔体串联在被保护线路中，当发生短路时，因短路电流的热效应将熔体烧断而切断电源。

为了使保护安全可靠，应该正确选择熔体的额定电流，若选择不当，熔断器就会发生误熔断、不熔断或熔断时间过长，起不到保护作用的情况。对于电炉、照明等负载的保护，熔体额定电流应稍大于线路负载的额定电流，此时熔断器兼做过载保护；对于单台电动机负载的短路保护，因考虑到启动时电流较大，为避免熔断器误熔断，熔体的额定电流应选择电动机额定电流的 1.5 ~ 2.5 倍；对多台电动机同时保护，熔体的额定电流应等于其中最大一台容量电机额定电流的 1.5 ~ 2.5 倍再加上其余电动机额定电流的总和。

熔断器熔断后，必须查明原因并排除故障后方可更换，更换时不得随意变动规格型号，不得使用未注明额定电流的熔体，不得用两股以上熔丝绞合使用，因为这样可能起不到应有的保护作用。严禁用铜丝或铁丝代替熔丝。除容量较小的照明线路外，更换熔体时一般应在停电后进行。

六、接地保护

当电气设备或线路绝缘损坏时，电气设备或装置的金属外壳可能带电而危及人身的安全。为避免触电事故的发生，将电气设备不带电的金属外壳与大地做电气连接，这种保护称接地保护，接地保护是安全防护技术的主要措施之一。

在中性点不接地的电网中，若设备某相绝缘损坏，当人体接触设备金属外壳时，漏电流从电源经人体、大地、线路对地绝缘阻抗回到电源。当线路对地绝缘良好时，因阻抗值较大，使外壳对地电压及漏电流都较小，一般不会发生危险；而线路对地绝缘下降时，则漏电设备外壳对地电压升高，有可能致人触电。

如果设备进行可靠接地，且接地电阻较小，就可以将漏电设备的对地电压限制在安全范围内。因接地电阻与人体电阻是并联的，且人体电阻远大于接地电阻，因接地电阻的分流作用，使漏电流绝大部分经接地装置流入大地，流过人体的漏电流大为降低，从而保证了人身的安全。

在低压供电系统中，一般规定接地电阻不大于 4 Ω，可满足保护要求，当容量在 100 kVA 以下的小容量电路中时，接地电阻规定不大于 10 Ω。车间电气设备应在每年的干燥季节测量一次接地电阻。

保护接地适用于不接地电网，凡由于绝缘损坏或其他原因有可能带上危险电压的正常不带电金属部分都应接地，具体要求接地部位如下：

（1）电机、变压器、断路器、按钮以及手提电钻等携带式和移动式电气设备的金属外壳或底座。

（2）电气设备的传动装置。

（3）互感器的二次绕组。

（4）配电屏或控制屏的金属框架。

（5）室内外配电装置的金属构架、钢筋混凝土构架及屏护金属遮栏。

（6）电力电缆的金属外皮，接头处的金属外壳及穿线钢管等。

（7）电力线路的金属杆塔。

（8）控制开关、电容器等的金属外壳。

在中性点接地系统中不宜采用保护接地。

七、保护接零

大部分供电系统都采用中性点直接接地系统，即接地电网。接地电网中若电气设备某相碰壳，则使外壳对地电压达到相电压，当人体触及设备外壳时比不接地电网的触电危险性更大。

若采用保护接地，设备漏电时因电流流过设备接地电阻、系统的工作接地电阻形成回路。此时设备外壳电压比不接地时有所降低，但不能降低在安全范围内，仍有触电危险。因此采用保护接地不足以保证安全，故接地电网中的设备应采用保护接零。

保护接零是将设备不带电的金属外壳或金属构架与供电系统中的零线连接，当某一相线触及外壳时相线通过外壳、接零线与零线形成单相短路，短路电流促使线路上的短路保护装置迅速动作，消除触电危险。

保护接零适用于中性点接地的三相四线制供电系统。保护接零应用范围与保护接地的范围基本相同。

采用保护接零时，为了安全可靠必须保证以下条件：

（1）系统的工作接地可靠，接地电阻不大于 4 Ω。工作零线、保护零线应重复接地，重复接地的接地电阻不大于 10 Ω，接地次数不少于 3 处。

（2）零线不得装设熔断器或开关，必须有足够的机械强度，零线截面不小于相线截面的一半。否则零线断裂时，将引起三相电压不平衡，阻抗较大相的电压过高而烧坏用电设备，同时接零的设备外壳带上危险电压使人触电。

（3）保护接零必须具有可靠的短路保护装置相配合，以便漏

电时，能在很短时间内切断故障电路。要求单相短路电流不得小于熔断器熔体额定电流的 4 倍，或不小于线路中自动开关瞬时或短延时动作电流的 1.5 倍。

（4）在同一系统中，不得将一部分设备接零，而另一部分设备接地。因为此时若接地设备发生漏电，不但接地设备产生危险的对地电压，接地电流较小可能不会使保护装置动作，故障将长时间存在，而且由于零线电压的升高将使所有接零设备都带上危险电压，因而加大工作人员触电的危险性。

（5）单相负荷线路中，保护零线不得借用工作零线，所有设备的保护零线不得串联，而应直接接于系统的零线，不得接错，否则将增加触电危险。

为了提高用电安全程度，低压供电系统应推广三相五线制，即三根相线，一根工作零线，一根保护零线。工作零线只能通过单相负载的工作电流和三相不平衡电流，保护零线只作为保护接零使用，并通过短路电流。

零线和接零线的联接必须牢固可靠，保证接触良好。接零线应接于设备的专用接地螺丝上，必要时可加弹簧垫圈或焊接。接零线最好不使用铝线。为避免意外的损坏，接零线应装设在不易碰触损伤或脱落的地方，对接零线应该经常检查，发现破损、断裂、松动、脱落等隐患时应及时排除。

八、漏电保护

漏电保护器是一种防止人身触电事故的电气安全防护装置，当发生漏电或触电时，它能够自动切断电源。实践证明，推广使用漏电保护器以后，触电事故大幅度降低，在提高安全用电水平方面，漏电保护器起到十分重要的作用。

漏电保护大多采用电流型漏电保护器，它是由零序电流互感器、脱扣机构及主开关等部件组成。正常时，零序电流互感器的环形铁芯所包围的电流的相量和为零，在铁芯中产生的磁通的相量和也为零，因此互感器二次线圈没有感应电势产生，漏电保护器保持正常供电状态。当有人触电或发生其他故障而有漏电电流入地时，将破坏上述平衡状态，铁芯中将产生磁通，互感器二次将产生感应电势和感应电流。当触电或故障达危险程度时，感应电流将足够大，通过脱扣器使主开关动作，切断电源，避免触电事故的发生。

根据我国有关规定，在各类动力配电箱（柜），有触电危险的低压用电设备、临时用电设备、手持电动工具、危险场所的电气线路中等，必须安装漏电保护器。

漏电保护器必须正确选用，按规定正确接线，否则会发生拒动或误动作。

选用漏电保护器，应满足保护范围内线路用电设备相（线）数要求。保护单相线路和设备时，应选用单极二线或二级产品，保护三相线路和设备时，可选用三极产品，保护既有三相又有单相的线路和设备时，可选用三极四线或四极产品。

漏电保护器的动作电流应根据用电环境及用电设备正确选择。

居民住宅、办公场所、电动工具移动式电气设备、临时配电线路及无双重绝缘的手持电动工具装设的漏电开关或漏电插座，其动作电流为 30 mA，动作时间小于 0.1 s。单台容量较大的电气设备，可选用漏电动作电流为 30 mA 及以上、100 mA 及以下快速动作的漏电保护器。有多台设备的总保护应选用额定漏电动作电流为 100 mA 及以上快速动作的漏电保护器。在医院、潮湿场所、周围有大面积金属物体等特殊场所应选用额定漏电动作电流为 10 mA、快速动作的漏电保护器。

安装漏电保护器后，不能撤掉或降低对线路设备的接地或接零保护要求及措施。安装时应注意区分线路的工作零线和保护零线。工作零线应接入漏电保护器并应穿过漏电保护器的零序电流互感器。经过漏电保护器的零线不得作为保护零线，不得重复接地或接设备的外壳。线路的保护零线不得接入漏电保护器。

对运行中的漏电保护器应定期进行检查，每月至少一次。

九、其他安全用电常识

（1）用电线路及电气设备的安装与维修必须由经培训合格的专业电工进行，其他非电工人员不得擅自进行电气作业。

（2）经常接触和使用的配电箱、闸刀开关、插座、插销以及导线等，必须保持完好、安全，不得有漏电、破损或将带电部分裸露。

（3）电气线路及设备应建立定期巡视检修制度，若不符合安全要求，应及时处理，不得带故障运行。

（4）电业人员进行电气作业时，必须严格遵守安全操作规程，不得违章冒险。

（5）在没有对线路验电之前，应一律视导体为带电体。

（6）移动式电具应通过开关或插座接取电源，禁止直接在线路上接取，或将导电线芯直接插入插座上使用。

（7）禁止带电移动电气设备。

（8）不能用湿手操作开关或插座。

（9）搬动较长金属物体时，不要碰到电线，尤其是裸导线。

（10）不要在高压线下钓鱼，放风筝。

（11）遇到高压线断裂落地时，不要进入 20 m 以内范围，若已进入，则要单脚或双脚并拢跳出危险区，以防跨步电压触电。

（12）在带电设备周围严禁使用钢卷尺进行测量工作。

（13）拆开或断裂的裸露带电接头，必须及时用绝缘物包好并放置在人身不易碰到的地方。

安全妙语 “谨”上添花

用电常识要熟悉　　使用电气守规矩
保护措施最可靠　　经常维护莫失效

第三节 雷电、静电的安全防护措施

一、雷电的安全防护措施

1. 雷电的危害

由于雷电具有电流很大、电压很高、冲击性很强等特点，具有多方面的破坏作用，且破坏力很大。就其破坏因素来看，雷电的危害体现在雷电的热效应、机械效应、过电压效应以及电磁效应。

2. 防雷装置

避雷针、避雷线、避雷网、避雷带、避雷器都是经常采用的防雷装置。一套完整的防雷装置包括接闪器、引下线和接地装置。上述的针、线、网、带都只是接闪器，而避雷器是一种专门的防雷装置。

3. 防雷技术

应当根据建筑物和构筑物、电力设备以及其他保护对象的类别和特征，分别对直击雷、雷电感应、雷电侵入波等采取适当的防雷措施。

（1）直击雷防护：

1）应用范围。第一类防雷建筑物、第二类防雷建筑物和第三类防雷建筑物的易受雷击部位应采取防直击雷的防护措施。可能遭受雷击，且一旦遭受雷击后果比较严重的设施或堆料（如装卸油台、露天油罐、露天储气罐等）也应采取防直击雷的措施。高压架空电力线路、发电厂和变电站等也应采取防直击雷的措施。

2）基本措施。装设避雷针、避雷线、避雷网、避雷带是直击雷防护的主要措施。

避雷针分独立避雷针和附设避雷针。独立避雷针是离开建筑物单独装设的。一般情况下，其接地装置应当单设，接地电阻一般不应超过 10 Ω，严禁在装有避雷针的构筑物上架设通信线、广播线或低压线。独立避雷针不应设在人经常通行的地方。

附设避雷针是装设在建筑物或构筑物屋面上的避雷针。如系多支附设避雷针，相互之间应连接起来，有其他接闪器者（包括屋面钢筋和金属屋面）也应相互连接起来，并与建筑物或构筑物的金属结构连接起来。其接地装置可以与其他接地装置共用，宜沿建筑物或构筑物四周敷设，其接地电阻不宜超过 2 Ω。如利用自然接地体，为了可靠起见，还应装设人工接地体。人工接地体的接地电阻不宜超过 5 Ω。装设在建筑物屋面上的接闪器应当互相连接起来，并与建筑物或构筑物的金属结构连接起来。建筑物混凝土内用于连接的单一钢筋的直径不得小于 10 mm。

（2）感应雷防护。雷电感应也能产生很高的冲击电压，在电力系统中应与其他过电压同样考虑；在建筑物和构筑物中，应主要考虑由二次放电引起爆炸和火灾的危险。无火灾和爆炸危险的建筑物及构筑物一般不考虑雷电感应的防护。

1）静电感应防护。为了防止静电感应产生的高电压，应将建筑物内的金属设备、金属管道、金属构架、钢屋架、钢窗、电缆金属外皮以及突出层面的放散管、风管等金属物件与防雷电感应的接地装置相连。屋面结构钢筋宜绑扎或焊接成闭合回路。

根据建筑物的不同屋顶，应采取相应的防止静电感应的措施：对于金属屋顶，应将屋顶妥善接地；对于钢筋混凝土屋顶，应将屋面钢筋焊成边长 5 ~ 12 m 的网格，连成通路并予以接地；对于非金属屋顶，宜在屋顶上加装边长 5 ~ 12 m 的金属网格，并予以接地。

屋顶或其上金属网格的接地可以与其他接地装置共用。防雷电感应接地干线与接地装置的连接不得少于 2 处，其间距离不得超过 24 m。

2）电磁感应防护。为了防止电磁感应，平行敷设的管道、构架、电缆相距不到 100 mm 时，须用金属线跨接，跨接点之间的距离不应超过 30 m；交叉相距不到 100 mm 时，交叉处也应用金属线跨接。

此外，管道接头、弯头、阀门等连接处的过渡电阻大于 0.03 Ω 时，连接处也应用金属线跨接。在非腐蚀环境，对于 5 根及 5 根以上螺栓连接的法兰盘，以及对于第二类防雷建筑物可不跨接。

防电磁感应的接地装置也可与其他接地装置共用。

（3）雷电侵入波防护。属于雷电冲击波造成的雷害事故很多。在低压系统，这种事故占总雷害事故的 70% 以上。

除电气线路外，架空金属管道也有引入雷电侵入波的危险。

对于建筑物，雷电侵入波可能引起火灾或爆炸，也可能伤及

人身。因此，必须采取防护措施。

户外天线的馈线临近避雷针或避雷针引下线时，馈线应穿金属管线或采用屏蔽线，并将金属管或屏蔽接地。如果馈线未穿金属管，又不是屏蔽线，则应在馈线上装设避雷器或放电间隙。

（4）人身防雷。雷暴时，由于带电积云直接对人体放电，雷电流入地产生对地电压，以及二次放电等都可能对人造成致命的电击，因此，应注意必要的人身防雷安全要求。

1）雷暴时，非工作必须，应尽量减少在户外或野外逗留；在户外或野外最好穿塑料等不浸水的雨衣。如有条件，可进入有宽大金属构架或有防雷设施的建筑物、汽车或船只内；如依靠建筑屏蔽的街道或高大树木屏蔽的街道躲避，要注意离开墙壁或树干 8 m 以外。

2）雷暴时，应尽量离开小山、小丘、隆起的小道，离开海滨、湖滨、河边、池塘旁，避开铁丝网、金属晒衣绳以及旗杆、烟囱、高塔、孤立的树木附近，还应尽量离开没有防雷保护的小建筑物或其他设施。

3）雷暴时，在户内应注意防止雷电侵入波的危险，应离开照明线、动力线、电话线、广播线、收音机和电视机电源线、收音机和电视机天线，以及与其相连的各种金属设备，以防止这些线路或设备对人体二次放电。调查资料表明，户内 70% 以上对人体的二次放电事故发生在与线路或设备相距 1 m 以内的场合，相距 1.5 m 以上者尚未发生死亡事故。由此可见，雷暴时人体最好离开可能传来雷电侵入波的线路和设备 1.5 m 以上。

4）雷雨天气，还应注意关闭门窗，以防止球雷进入户内造成危害。

二、静电的安全防护措施

1. 静电的危害

工艺过程中产生的静电可能引起爆炸和火灾，也可能给人以电击，还可能妨碍生产。其中，爆炸或火灾是最大的危害。

（1）爆炸和火灾。静电能量虽然不大，但因其电压很高而容易发生放电。如果所在场所有易燃物质，又有由易燃物质形成的爆炸性混合物（包括爆炸性气体和蒸气），以及爆炸性粉尘等，即可能由静电火花引起爆炸或火灾。

应当指出，带静电的人体接近接地导体或其他导体时，以及接地的人体接近带电的物体时，均可能发生火花放电，导致爆炸或火灾。

对于静电引起的爆炸和火灾，就行业性质而言，以炼油、化工、橡胶、造纸、印刷和粉末加工等行业事故最多。就工艺种类而言，以输送、装卸、搅拌、喷射、开卷和卷绕、涂层、研磨等工艺过程事故最多。

（2）静电电击。静电电击不是电流持续通过人体的电击，而是静电放电造成的瞬间冲击性的电击。

对于静电，人体相当于导体，放电时其有关部分的电荷一次性消失，即能量集中释放，危险性较大。但一般不至于达到使人致命的界限。

生产和工艺过程中产生的静电所引起的电击不至于直接使人致命，但是，不能排除由静电电击导致严重后果的可能性。例如，人体可能因静电电击而坠落或摔倒，造成二次事故。静电电击还可能引起工作人员紧张而妨碍工作等。

（3）妨碍生产。在某些生产过程中，如不消除静电，将会妨碍生产或降低产品质量。

纺织行业及有纤维加工的行业，特别是随着涤纶、腈纶、锦纶等合成纤维材料的应用，静电问题变得十分突出。

在电子技术行业，生产过程中产生的静电可能引起计算机、继电器、开关等设备中电子元件误动作，可能对无线电设备、磁带录音机产生干扰，还可能击穿集成电路的绝缘等。

2. 静电防护措施

静电最为严重的危险是引起爆炸和火灾。因此，静电安全防护主要是对爆炸和火灾的防护。当然，一些防护措施对于防护静电电击和消除影响生产的危害也同样是有效的。

（1）环境危险程度的控制。静电引起爆炸和火灾的条件之一是有爆炸性混合物存在。为了防止静电的危害，可采取以下控制所在环境爆炸和火灾危险性的措施。

1）取代易燃介质。

2）降低爆炸性混合物的浓度。

3）减少氧化剂含量。

（2）工艺控制。工艺控制是从工艺上采取适当的措施，限制和避免静电的产生和积累。工艺控制方法很多，应用很广，是消除静电危害的重要方法之一。

1）材料的选用。在有静电危险的场所，工作人员不应穿着丝绸、人造纤维或其他高绝缘衣料制作的衣服，以免产生危险静电。

2）限制摩擦速度或流速。降低摩擦速度或流速等工艺参数可限制静电的产生。

3）增强静电消散过程。在产生静电的工艺过程中，总是包含着静电产生和静电消散两个区域。两个区域中电荷交换的规律是不一样的。在静电产生的区域主要是分离成电量相等而电性相反的电荷，即产生静电；在静电消散的区域，带静电物体上的电荷经泄漏或松弛而消散。基于这一规律，设法增强静电的消散过程，可消除静电的危害。

4）消除附加静电。

（3）接地和屏蔽：

1）导体接地。接地是消除静电危害最常见的方法，它主要是消除导体上的静电。金属导体应直接接地。

2）导电性地面。采用导电性地面，实质上也是一种接地措施。采用导电性地面不但能泄漏设备上的静电，而且有利于泄漏聚集在人体上的静电。

3）绝缘体接地。

4）屏蔽。用接地导体（即屏蔽导体）靠近带静电体放置，以增大带静电体对地电容，降低带电体静电电位，从而减轻静电放电的危险。应当注意到，屏蔽不能消除静电电荷。此外，屏蔽还能减小可能的放电面积，限制放电能量，防止静电感应。

（4）增湿。随着湿度的增加，绝缘体表面上形成薄薄的水膜，它能使绝缘体的表面电阻大大降低，能加速静电的泄漏。

应当注意，空气的相对湿度在很大程度上受温度的影响。增湿的方法不宜用于消除高温环境里的绝缘体上的静电。

（5）静电中和器。静电中和器又叫静电消除器，静电中和器是能产生电子和离子的装置。由于产生了电子和离子，物料上的静电电荷得到相反极性电荷的中和，从而消除静电的危险。静电中和器主要用来中和非导体上的静电。尽管不一定能把带电体上的静电完全中和掉，但可中和至安全范围以内。与抗静电添加剂相比，静电中和器具有不影响产品质量、使用方便等优点。静电中和器应用很广，种类很多。按照工作原理和结构的不同，大体上可以分为感应式中和器、高压式中和器、放射线式中和器和离子风式中和器。

安全妙语“谨”上添花

带电物体多危害　　雷电静电不例外
防护工作须做足　　发现隐患要根除

第四节　触电事故的现场急救

一、触电现场的急救措施

触电急救的基本原则是在现场采取积极措施保护伤员生命，减轻伤情，减少痛苦，并根据伤情需要，迅速联系医疗部门救治。

要认真观察伤员全身情况，防止伤情恶化。发现呼吸、心跳停止时，应立即在现场就地抢救，用心肺复苏法支持呼吸和血液循环，对脑、心等重要脏器供氧。急救的成功条件是动作快、操作正确，任何拖延和操作错误都会导致伤员伤情加重或死亡。

1. 脱离电源

触电急救，首先要使触电者迅速脱离电源，越快越好。因为电流作用的时间越长，伤害越重。

脱离电源就是要把触电者接触的那一部分带电设备的开关、刀闸或其他断路设备断开；或设法将触电者与带电设备脱离。在脱离电源时，救护人员既要救人，也要注意保护自己。

触电者未脱离电源前，救护人员不能直接用手触及伤员，因为有触电的危险；如触电者处于高处，解脱电源后会自高处坠落，因此，要注意采取预防措施。

（1）低压设备上的触电：

1）触电者触及低压带电设备，救护人员应设法迅速切断电源，如拉开电源开关或刀闸、拔除电源插头等，或使用绝缘工具，如干燥的木棒、木板、绳索等不导电的东西解脱触电者。

2）也可抓住触电者干燥而不贴身的衣服，将其拖开，切记要避免碰到金属物体和触电者的裸露身躯。

3）也可戴绝缘手套或将手用干燥衣物等包起绝缘后解脱触电者。

4）救护人员也可站在绝缘垫上或干木板上，绝缘自己进行救护。

为使触电者与导电体解脱，最好用一只手进行。如果电流通过触电者入地，并且触电者紧握电线，可设法用干木板塞到其身下，与地隔离，也可用干木把斧子或有绝缘柄的钳子等将电线切断。切断电线要分相，一根一根地切断，并尽可能站在绝缘物体或干木板上进行。

（2）高压设备上触电。触电者触及高压带电设备，救护人员应迅速切断电源，或用适合该电压等级的绝缘工具（戴绝缘手套、穿绝缘靴并用绝缘棒）解脱触电者。救护人员在抢救过程中应注意保持自身与周围带电部分必要的安全距离。

（3）架空线路上触电。如触电发生在架空线杆塔上，如系低压带电线路，能立即切断线路电源的，应迅速切断电源，或者由救护人员迅速登杆，束好自己的安全皮带后用带绝缘胶柄的钢丝钳、干燥的不导电物体或绝缘物体将触电者拉离电源。

如系高压带电线路，又不可能迅速切断开关的，可采用抛挂足够截面的适当长度的金属短路线方法，使电源开关跳闸。

抛挂前，将短路线一端固定在铁塔或接地引下线上，另一端系重物抛向高压线。但抛掷短路线时，应注意防止电弧伤人或断线危及人身安全。不论是何种电压线路上触电，救护人员在使触电者脱离电源时要注意防止发生高处坠落的可能和再次触及其他有电线路的可能。

（4）断落在地的高压导线上触电。如果触电者触及断落在地上的带电高压导线，如尚未确证线路无电，救护人员在未做好安全措施（如穿绝缘靴或临时双脚并拢跳跃接近触电者）前，不能接近断线点周围 10 m 范围内，以防止跨步电压伤人。

触电者脱离带电导线后应迅速被带至 10 m 以外，并立即开始触电急救。只有在确定线路已经无电时，才可在触电者离开触电导线后，就地进行急救。

二、触电人员现场处置

触电伤员如神志清醒者，应使其就地躺平，严密观察，暂时不要站立或走动。

触电伤员神志不清者，应就地仰面躺平，确保其气道通畅，并用 5 s 时间呼叫伤员或轻拍其肩部，以判定伤员是否意识丧失。禁止摇动伤员头部呼叫伤员。

需要抢救的伤员，应立即就地采取正确的抢救方法，并设法联系医疗部门接替救治。

1. 呼吸、心跳情况的判定

触电伤员如意丧失，应在 10 s 内用看、听、试的方法，判定伤员的呼吸、心跳情况。

看：伤员的胸部、腹部有无起伏动作。

听：用耳贴近伤员的口鼻处，听有无呼气声音。

试：试测口鼻有无呼吸的气流。再用两手指轻试一侧（左或右）喉结旁凹陷处的颈动脉有无搏动。

若看、听、试的结果为既无呼吸又无颈动脉搏动，则可判定呼吸、心跳停止。

2. 心肺复苏

触电伤员呼吸和心跳均停止时，应立即采取心肺复苏法正确进行就地抢救。

心肺复苏措施主要有以下三个步骤。

（1）通畅气道。触电伤员呼吸停止，重要的措施是始终确保气道通畅。如发现伤员口内有异物，可将其身体及头部同时侧转，迅速用一个手指或两手指交叉从口角处插入，取出异物。操作中要注意防止将异物推到咽喉深部。

通畅气道可采用仰头抬颏法。用一只手放在触电者前额，另一只手的手指将其下颌骨向上抬起，两手协同头部推向后仰，舌根随之抬起，气道即可通畅。严禁用枕头或其他物品垫在伤员头下，头部抬高并前倾，这样会加重气道阻塞，并使胸外按压时流向脑部的血流减少，甚至消失。

（2）口对口（鼻）人工呼吸。口对口（鼻）人工呼吸法。在保持伤员气道通畅的同时，救护人员用放在伤员额头的手指捏住伤员鼻翼，深吸气后，与伤员口对口紧合，在不漏气的情况下，先连续大口吹气两次，每次 1 ~ 1.5 s。两次吹气后试测颈动脉，如果仍无搏动，可定断心跳已经停止，要立即同时进行胸外心脏按压。

除开始时大口吹气两次外，其余口对口（鼻）呼吸的吹气量不需过大，以免引起胃膨胀。吹气和放松时要注意观察伤员胸部，应有起伏的呼吸动作。吹气时如有较大阻力，可能是头部后仰不够，应及时纠正。伤员如牙紧闭，可口进行对鼻人工呼吸。口对鼻人工呼吸吹气时，要将伤员嘴唇紧闭，防止漏气。

（3）胸外心脏按压：

1）按压位置。正确的按压位置是保证胸外心脏按压效果的重要前提。确定正确按压位置的步骤为：

①右手的食指和中指沿伤员的右侧肋弓下缘向上，找到肋骨和胸骨接合处的中点。

②两手指并齐，中指放在切迹中点（剑突底部），食指平放在胸骨下部。

③另一只手的掌根紧挨食指上缘，置上胸骨上，即为正确按压位置。

2）按压姿势。正确的按压姿势是达到胸外心脏按压效果的基本保证，正确的按压姿势应符合以下要求：

①使伤员仰面躺在平硬的地方，救护人员或立或跪在伤员一侧肩旁，救护人员的两肩位于伤员胸骨正上方，两臂伸直，肘关节固定不屈，两手掌根相叠，手指翘起，不接触伤员胸壁。

②以髋关节为支点，利用上身的重力，垂直将伤员（正常成人）胸骨压陷 3 ~ 5 cm（儿童和瘦弱者酌减）。

③压至要求程度后，立即全部放松，但放松时救护人员的掌根不得离开胸壁。

按压必须有效，有效的标志是按压过程中可以触及颈动脉搏动。

3）操作频率。

①胸外心脏按压要均匀进行，每分钟 80 次左右，每次按压和放松的时间相等。

②胸外心脏按压与口对口（鼻）人工呼吸同时进行，其节奏为：单人抢救时，每按压 15 次后吹气 2 次（15：2），反复进行；双人

抢救时，每按压5次后另一人吹气1次（5：1），反复进行。

按压吹气1 min后（相当于单人抢救时做了4个15：2压吹循环），应用看、听、试的方法在5 ~ 7 s时间内完成对伤员呼吸和心跳是否恢复的再判定。若判定颈动脉已有搏动但无呼吸，则暂停胸外按压，而再进行2次口对口（鼻）人工呼吸，接着每5 s吹气一次（即12次/min）。如脉搏和呼吸均未恢复，则继续坚持心肺复苏方法抢救。

在抢救过程中，要每隔数分钟再判定一次，每次判定时间均不得超过7 s。在医务人员未接替抢救前，现场抢救人员不得放弃现场抢救。

三、电伤的处理原则

电伤是触电引起的人体外部损伤（包括电击引起的摔伤）、电灼伤、电烙伤、皮肤金属化等组织损伤，需要到医院治疗。但现场应进行相应的处理，以防止细菌感染，损伤加重。

（1）对于一般性的外伤创面，可用无菌生理食盐水或清洁的温开水冲洗后，再用消毒纱布、防腐绷带或干净的布包扎，然后送医院治疗。

（2）如伤口大出血，要立即设法止血。压迫止血法是最迅速的临时止血法，即用手指、手掌或止血橡皮带在出血处供血端将血管压瘪在骨骼上进行止血，同时尽快送医院处置。如果伤口出血不严重，可用消毒纱布或干净的布料叠几层盖在伤口处压紧止血。

（3）高压触电造成的电弧灼伤，往往深达骨骼，处理十分复杂。现场救护可用无菌生理盐水或清洁的温开水冲洗，再用酒精全面涂擦，然后用消毒被单或干净的布类包裹好送往医院处理。

（4）对于因触电摔跌而骨折的触电者，应先止血、包扎，然后用木板、竹竿、木棍等物品将骨折肢体临时固定并快速送医院处理。

四、高处触电急救

发现高处有人触电，应争取时间及早在高处开始抢救。救护人员登高时应随身携带必要的工具和绝缘工具以及牢固的绳索等，并紧急呼救。

救护人员应在确认触电者已与电源隔离，且救护人员本身所涉环境安全距离内无危险电源时，方能接触伤员进行抢救，并应注意防止发生高空坠落。

若在杆上发生触电，应立即用绳索迅速将伤员送至地面或可供利用的平台上进行急救。

如伤员已停止呼吸，在将伤员由高处送至地面前，应口对口（鼻）吹气 4 次。触电伤员送至地面后，应立即继续按心肺复苏法坚持抢救。

五、抢救过程中伤员的移动与转院

心肺复苏应在现场就地坚持进行，不要为方便而随意移动伤员，如确有需要移动时，抢救中断时间不应超过 30 s。

移动伤员或将伤员送医院过程中仍应进行抢救，不能中断。

如伤员的心跳和呼吸经抢救均已恢复，可暂停心肺复苏方法操作。但心跳呼吸恢复的早期有可能再次骤停，应严密监护，不能麻痹，要随时准备再次抢救。初期恢复后神志不清或精神恍惚，应设法使伤员安静。

安全妙语 "谨"上添花

伤员急救不能等　　处理方法要对症
争分夺秒施援手　　生命之花别样红

第二章

电气防火与防爆

第一节　电气火灾和爆炸形成的原因

一、易燃易爆物质

在各类生产生活现场，广泛存在着易燃易爆物质，其中煤炭、石油、化工和军工等工业生产部门尤为突出。

纺织工业和食品工业生产场所的可燃气体、粉尘或纤维一类物质，接触火源容易着火燃烧，在生产、储存、运输和使用过程中容易与空气混合，形成爆炸性混合物。

能够形成爆炸的物质有数百种，形成火灾的物质种类更多。

二、电气设备会产生火花和高温

在生产场所的动力、控制、保护、测量等系统和生活场所中，各种电气设备和线路在正常工作或事故中常常会产生电弧、火花和危险高温。

电弧和电火花是一种常见的现象。例如电气设备正常工作时或正常操作时也会发生电弧和电火花。直流电机电刷和整流子滑动接触处、交流电机电刷与滑环滑动接触处在正常运行中就会有电火花，开关断开电路时会产生很强的电弧，拔掉插头或接触器断开电路时都会有电火花发生。电路发生短路或接地事故时产生的电弧更大。

还有绝缘不良电气等都会有电火花、电弧产生。电火花、电弧的温度很高，特别是电弧，温度可高达6 000℃。这么高的温度不仅能引起可燃物燃烧，还能使金属熔化、飞溅，构成危险的火源。在有爆炸危险的场所，电火花和电弧更是十分危险的因素。电气设备本身也会发生爆炸，例如变压器、油断路器、电力电容器、电压互感器等充油设备。

电气设备周围空间在下列情况下会引起爆炸：

（1）周围空间有爆炸性混合物，当遇到电火花和电弧时就可能引起空间爆炸。

（2）充油设备的绝缘油在电弧作用下分解和气化，喷出大量的油雾和可燃性气体，遇到电火花、电弧或环境温度达到危险温度时也可能发生火灾和爆炸事故。

（3）氢冷发电机等设备如果发生氢气泄漏，形成爆炸性混合物，当遇到电火花、电弧或环境温度达到危险温度时也会引起爆炸和火灾事故。

三、电气装置的过度发热，产生危险温度引起火灾和爆炸

由于设计、选材、施工、制造不当而形成线路和设备固有缺

陷等原因，或操作与使用方法不正确而造成的短路、过载、接触不良、机械摩擦、通风散热条件恶化等，都可能使电力线路和电气设备出现整体或局部温度过高，即出现过热现象，从而引燃易燃易爆物质而发生电气火灾或爆炸。

电气设备过度发热大致有以下几种情况。

1. 过负荷

由于导线截面和设备选择不合理，或运行中电流超过设备的额定值，超过设备的长期允许温度，都会引起发热。

2. 短路

短路是电气设备最严重的一种故障状态，电力网中的火灾大都是由短路所引起的。短路后，线路中的电流增大为正常时的数倍乃至数十倍，使温度急剧上升，如果达到周围可燃物的引燃温度，即可引发火灾。

3. 接触不良与散热不良

接触不良主要发生在导体连接处，例如固定接头连接不牢，焊接不良，或接头表面污损都会增加绝缘电阻而导致接头过热。可拆卸的电气接头因振动或由于热的作用，使连接处发生松动，也会导致接头过热。各种电气设备在设计和安装时都会有一定的通风和散热装置，如果这些设施出现故障，也会导致线路和设备过热。

4. 铁心过热

变压器、电动机等设备的铁心过饱和，或非线性负载引起高次谐波造成铁心过热。

5. 漏电

电气线路或设备绝缘损伤后，在一定条件下，会发生漏电，漏电电流一般不大，不能使线路熔丝动作，因此也不易被发觉。当漏电电流比较均匀地分布时，火灾危险性不大，但当漏电电流集中在某一点时，可能引起比较严重的局部发热，而引起火灾。

四、在正常发热情况下由于烘烤和摩擦引起火灾和爆炸

电热器具（如小电炉、电熨斗等），照明用灯泡在正常发热状态下，就相当于一个火源或高温热源，当其安装、使用不当时，均能引起火灾。发电机和电动机等旋转型电气设备，轴承出现润滑不良，产生干磨发热，或虽润滑正常，但出现高速旋转时，都会引起火灾。

安全妙语"谨"上添花

电器发热有风险　　常为火灾危险源
漏电短路更可怕　　造成事故损失大

第二节　防止电气火灾和爆炸的安全措施

电气火灾和爆炸的防护必须是综合性措施。它包括排除可燃物质、合理选用和正确安装电气设备及电气线路，保持电气设备和线路的正常运行，保证必要的防火间距，装设良好的接地保护装置等。

一、排除可燃物质

1. 保持良好的通风

保持良好的通风和加速空气流通与交换，能有效地排除现场易燃易爆气体、蒸气、粉尘和纤维，或把危险物质浓度降低到不致引起火灾和爆炸的限度之内。这样还有利于降低环境温度，这对可燃易爆物质的生产、储存、使用及对电气装置的正常运行都是十分重要的。

通风系统应用非燃烧性材料制作，结构应坚固，连接应紧密。

通风系统内不应有阻碍气流的死角。电气设备应与通风系统联锁，运行前必须先通风，通过的气流量不小于该系统容积的5倍时才能接通电气设备之电源。

进入电气设备和通风系统内的气体不应含有爆炸危险物质或其他有害物质。爆炸危险环境内的事故排风用电动机的控制设备应设在事故情况下便于操作的地方。

2. 加强密封，减少可燃易爆物质的来源

可燃易爆物质的生产设备、储存容器、管道接头和阀门等均应严密封闭并经常巡视检测，以防止可燃易爆物质发生跑、冒、滴、漏等现象的发生。

二、合理选用电气设备

（1）电气设备选用。按爆炸危险场所要求分别选用防爆安全型（标志A）、隔爆型（标志B）、防爆充油型（标志C）、防爆通风充气型（标志F）、防爆安全火花型（标志H）、防爆特殊型（标志T）以及防尘型、防水型、密封型、保护型（包括封闭式、防溅式和防滴式）；按火灾危险场所等级H–1、H–2、H–3级选用相应的电气设备。

（2）电动机选用。在潮湿场所要选用有耐湿绝缘的防滴式电动机，在水、土飞溅场所应选用防溅式电动机，多尘多屑场所要选用封闭式电动机，有腐蚀气体或蒸气的场所应选用有耐酸绝缘的封闭式电动机。

（3）导线选择。潮湿、特别潮湿或多尘的场所应选用有保护的绝缘导线（如铅包）或一般绝缘导线穿管敷设；高温场所应用

瓷管、石棉、瓷珠等敷设耐热绝缘的耐燃线；有腐蚀性气体或蒸气的场所可用铅皮线或耐腐蚀的穿管线；移动电气设备应用带橡胶套的软线或软电缆。

安全妙语“谨”上添花

电气火灾虽可怕　　综合防护作用大
环境条件要满足　　设备选择不马虎

第三节　防火防爆电气线路的选用

一、电气线路选用原则

（1）电气线路一般应敷设在危险性较小的环境或远离存在易燃、易爆物释放源的地方，或沿建、构筑物的外墙敷设。

（2）对于爆炸危险环境的配线工程，应采用铜心绝缘导线或电缆，而不用铝质的。

（3）电气线路之间原则上不能直接连接，必须连接或封端时，应采用压接、熔焊或钎焊，确保接触良好，防止局部过热。线路与电气设备的连接，应采用适当的过渡接头，特别是铜铝相接时更应如此，而且所有接头处的机械强度应不小于导线机械强度的80%。

（4）绝缘电线和电缆的允许载流量不应小于熔断器熔体额定电流的1.25倍和自动开关长延时过流脱扣器整定电流的1.25倍。线路电压1 000 V以上的导线和电缆应按短路电流进行热稳定校验。

二、保持电气设备和线路的正常运行

电气设备和电气线路的安全运行包括电流、电压、温升和温度等参数不超过允许范围，还包括绝缘、良好连接和接触良好，整体完好无损、清洁，标志清晰等。

（1）运行中要保持电压、电源、温升等不超过允许值。防止电气设备过热，特别是要注意防止线路或电气设备接头处接触不良引起的过热。

（2）在爆炸危险场所，导线的允许载流量不低于线路熔断器额定电流的1.25倍。

（3）在有气体或蒸气爆炸性混合物爆炸危险的场所，电气设备的极限温度和极限温升不得超过规定值。电气设备和导线电缆的绝缘应良好，连接可靠，采用铜铝过渡接头，铝导线连接时应采用压接、焊接，而不能用缠绕接法。

三、隔离和间距

隔离是将电气设备分室安装，并在隔墙上采取封堵措施，以防止爆炸性混合物进入。将工作时产生火花的开关设备装于危险环境范围以外（如墙外）；采用室外灯具通过玻璃窗给室内照明等都属于隔离措施。

户内电压为 10 kV 以上，总油量为 60 kg 以下的充油设备，可安装在两侧有隔板的间隔内；总油量为 60 ~ 600 kg 的充油设备，应安装在有防爆隔墙的间隔内；总油量为 600 kg 以上的，应安装在单独的防爆间隔内。

10 kV 及以下的变、配电室不得设在爆炸危险环境的正上方或正下方。变电室与各级爆炸危险环境毗连，最多只能有两面相连的墙与危险环境共用。

10 kV 及以下的变、配电室也不宜设在火灾危险环境的正上方或正下方，可以与火灾危险环境隔墙毗连。变、配电站与建筑物、堆场、储罐应保持规定的防火间距，且变压器油量越大，建筑物耐火等级越低及危险物品储量越大，所要求的间距也越大，必要时可加防火墙。为防止电火花或危险温度引起火灾，开关、插销、熔断器、电热器具、照明器具、电焊设备和电动机等均应根据需要，适当避开易燃物或易燃建筑构件。

10 kV 及以下架空线路，严禁跨越火灾和爆炸危险环境；当线路与火灾和爆炸危险环境接近时，水平距离一般不应小于杆柱高度的 1.5 倍。

四、接地与接零

爆炸危险环境的接地比一般环境要求高。

1. 接地、接零实施范围

除生产上有特殊要求的以外，一般环境不要求接地（或接零）的部分仍应接地（或接零）。例如，在不良导电地面上，交流380 V及以下、直流440 V及以下的电气设备正常时不带电的金属外壳，交流127 V及以下、直流110 V及以下的电气设备正常时不带电的金属外壳，还有安装在已接地金属结构上的电气设备，以及敷设有金属包皮且两端已接地的电缆用的金属构架应接地。

2. 整体性连接

在爆炸危险环境，必须将所有设备的金属部分、金属管道以及建筑物的金属结构全部接地（或接零）并连接成联系的整体，以保持电流途径不中断。接地（或接零）干线宜在爆炸危险环境的不同方向且不少于两处与接地体相连，连接要牢固，以提高可靠性。

3. 保护导线

单相设备的工作零线与保护零线分开，相线和工作零线均应装有短路保护元件，并装设双极开关同时操作相线和工作零线。处于危险环境的电气设备应使用专门接地（或接零）线，而金属管线、电缆的金属包皮只能作为辅助接地（或接零）。除输送爆炸危险物质的管道以外，处在比较高的危险环境中的照明器具和所

有电气设备，利用连接可靠的金属管线或金属桁架作为接地（或接零）线。保护导线的最小截面积，铜导体不得小于 4 mm^2，钢导体不得小于 6 mm^2。

4. 保护方式

在不接地配电网中，必须装设一相接地时或严重漏电时能自行切断电源的保护装置或能发出声、光双重信号的报警装置。在变压器中性点直接接地的配电网中，为了提高可靠性，缩短短路故障持续时间，系统单相短路电流应当大一些。其最小单相短路电流不得小于该线路熔断器额定电流的 5 倍或低压熔断器瞬时（或短延时）动作电流脱扣器整定电流的 1.5 倍。

五、合理应用保护装置、电源及报警设备

（1）有火灾爆炸危险的场所，过电流保护装置的动作电流应尽量定得小一些，单相线路应采用双极开关。

（2）突然停电可能引起爆炸危险的场所，应有双电源供电，并装有自动切换的联锁装置，启动时应先通风。

（3）对通风要求高的场所，应装有联锁装置，开动时先通风后启动设备，停机时先停设备后停通风机。还可设置自动检测爆炸性混合物的报警装置，及时发出报警信号，以采取相应措施消除隐患。

六、采用耐火材料及设施

（1）变压器室、高低压配电室及电容器、蓄电池室应为防火相应等级的耐火建筑。

（2）靠近室外变配电装置的建筑物外墙也应达到耐火要求。

（3）为防止火灾蔓延，室内储油量在 600 kg 以上、室外储油量为 1 000 kg 及以上的电气设备，应有储油、挡油、排油设施。

七、消防供电

为了保证消防设备不间断供电，应考虑建筑物性质、火灾危险性、疏散和火灾扑救难度等因素。

高度超过 24 m 的医院、百货楼、展览楼、财政金融楼、电信楼、省级邮政楼和高度超过 50 m 的可燃物品厂房、库房，以及超过 4 000 个座位的体育馆，超过 2 500 个座位的会堂等大型公共建筑，其消防设备（如消防控制室、消防水泵、消防电梯、消防排烟设备、火灾报警装置、火灾事故照明、疏散指示标志和电动防火门窗、卷帘、阀门等）均应采用一级负荷供电。

户外消防用水量大于 0.03 m^3/s 的工厂、仓库或户外消防用水量大于 0.035 m^3/s 的易燃材料堆放、油罐或油罐区、可燃气体储罐或储罐区，以及室外消防水量大于 0.025 m^3/s 的公共建筑物，应采用 6 kV 以上专线供电，并应有两路线路。超过 1 500 个座位的影剧院，户外消防用水量大于 0.03 m^3/s 的工厂、仓库等，宜采用由终端变电所由两台不同的变压器供电，且应有两路线路。最末一级配电箱处应自动切换。

对某些电厂、仓库、民用建筑、储罐或堆物，如仅有消防水泵，采用双电源或双线路供电确有困难，可采用内燃机作为带动消防水泵的动力。

鉴于消防水泵、消防电梯、火灾事故照明、防油、排烟等消防用电设备在火灾时必须确保运行，而平时使用的工作电源发生火灾时又必须停电，从保障安全和方便使用出发，消防用电设备配电线路应设置单独的供电线路，即要求消防用电设备配电线路与其他动力、照明线路（从低压配电室至最末一级配电箱）分开单独设置，以保证消防设备用电。为避免在紧急情况下操作失误，消防配电设备应有明显标志。

为了便于安全疏散和火灾扑救，在有众多人员聚集的大厅及疏散出口处、高层建筑的疏散走道和出口处、建筑物内封闭楼体间、防烟楼梯间及其前室、以及消防控制室、消防水泵房等处应设置事故照明。

八、电气灭火

1. 触电危险和断电

发现起火后，首先要设法切断电源。有时，为了争取灭火时间，防止火灾扩大，来不及断电，或因灭火、生产等需要，不能断电，则需要带电灭火。

带电灭火需要注意以下几点：

（1）应按现场特点选择适当的灭火器。

（2）用水枪灭火时宜采用喷雾水枪。

（3）人体与带电体之间保持必要的安全距离。

（4）对架空线路等空中设备进行灭火时，人体位置与带电体之间的仰角不应超过 45°。

2. 充油电气设备的灭火

充油电气设备的油，其闪点多为 130 ~ 140℃，有较大的危险性。如果只在该设备外部起火，可用二氧化碳、干粉灭火器带电灭火。如火势较大，应切断电源。如油箱破坏，喷油燃烧，火势很大时，除切断电源外，有事故储油坑的应设法将油放进储油坑，坑内和地面上的油火可用泡沫扑灭。发电机和电动机等旋转电动机起火时，为防止轴和轴承变形，可令其慢慢转动，用喷雾水灭火，并使其均匀冷却；也可用二氧化碳灭火，但不宜用干粉、沙子或泥土灭火，以免损伤电气设备的绝缘。

安全妙语"谨"上添花

防爆区域很特殊　　供电线路有讲究
耐火等级要求高　　接地接零不可少
送电断电先通风　　数据超标须报警
制度规章用心记　　安全生产非儿戏

第三章 电工作业安全规范

一、电气班值班制度

（1）电气班运行人员，必须按有关规定进行培训、学习，经考试合格以后方能上岗值班。

（2）值班期间，应统一着装并佩戴岗位标志，进入配电站房，必须戴安全帽。必须穿着全棉、阻燃的工作服，衣服和袖口必须扣好。禁止穿拖鞋、凉鞋、裙子和高跟鞋，辫子、长发必须盘在工作帽内。

（3）值班人员在当值期间，应保持良好的精神状态，不得进行与工作无关的其他活动（如看与生产无关的书报、杂志等），不长时间占用电话，电脑中无游戏程序；严禁酒后上班，严禁吸烟，不带火种（除动火工作外）进入配电站房。

（4）值班人员在当值期间，要服从指挥，尽职尽责，完成当值的运行监控、维护、倒闸操作和管理工作。值班期间进行的各项工作，都要填写到相关记录中。

（5）电气运行班值班连续时间不应超过 24 h。电气班的值班方式由主管部门配电部规定。值班方式和交接班时间不得擅自变。

（6）每次倒闸操作、处理事故等联系，均应启用录音设备；录音内容应使值班人员能够播放。

（7）对于电气班，还应遵守以下规定：

1）负责所辖配电站房的运行维护、倒闸操作、事故和异常处理、巡视检查、技术管理及文明生产管理。全天 24 h 有人值班，并接受值班调度员指令，正常方式下值班调度员指令下到电气班。

2）值班期间负责承担所辖配电站房电气设备运行情况监控。

3）值班操作人员要做好所辖配电站房的倒闸操作、设备定期巡视检查、设备定期轮换试验、办理工作票、事故和异常的检查处理及设备的日常维护。

4）计划内的倒闸操作及办理工作票，当值运行人员应适当提前到达该站；临时的倒闸操作及办理工作票或事故和异常的检查处理时，运行人员应立即出发。

5）倒闸操作、办理工作票、交接班应按《安全工作过程录音管理规定（暂行）》认真做好录音，事后及时上传安全工作语音记录系统。

6）值班人员应严格按值班制度值班，未经允许不得私自调班。

二、电气安全作业制度

停送电必须有上级领导的指令和书面停送电通知单，严禁任何人私自停送电。

停送电操作前，工作负责人根据工作任务到现场查清电源情况，工作范围及设备编号等。根据查清情况，制定现场安全措施，并填写好停电申请单。

在全部或部分停电的电气设备和线路上工作，必须完成下列安全技术措施：

1. 停电

停电范围。检修在安全距离以内的设备、线路、与检修线路同杆架设的带电线路、与停电线路交叉跨越的带电线路，为安全操作应停电（校内单位或其他部门申请停送电的由当事单位或部门负责前项工作）；配电站操作员向申请单位或部门发出停电牌后方可正式停电。

2. 验电

检修的电气设备及线路停电完毕，施工单位在悬挂接地线之前必须用验电器检验有无电压。

3. 装设临时接地线

施工单位对停电设备和可能送电至停电设备的各方面装接地线，以防止突然来电而发生安全事故。

4. 施工单位对施工现场悬挂标示牌和装设遮栏

工作完毕后，工作负责人应会同相关人员对设备进行检查，工作人员应清扫整理工作现场，清点工具和材料，不得遗留在检修设备和工作地点中。

送电前，应核实工作内容和人员情况，检查工作质量，工作负责人确认无误并交回停电牌后方可送电。

送电后，工作负责人应检查设备运行情况，运行正常后，方可离开现场。

倒合闸工作应两人进行，其中一名担任监护，另一名进行操作。操作者按监护人下达的操作指令顺序操作。

操作中要注意以下事项：

（1）倒闸操作时，认真执行监护制度，监护人每下达一项操作命令后，操作人复诵无误后，操作开关设备，操作完毕后进行报告，监护人确定操作正确后下达下一项操作命令。

（2）每操作完一项开关设备要检查操作质量：合闸应合好，拉闸应拉断。

（3）停电操作时先停负荷，后停电源；先停低压，后停高压；先停断路器，后拉隔离开关。送电时则相反。

（4）有电容设备时，先停电容组开关，后停各出线开关。送电时则相反。

（5）严禁带负荷拉合刀闸。

（6）严禁带地线合闸，严禁带电挂地线。

（7）当设备或线路故障停电后，需查清原因并排除故障，由工作负责人确认无误后方可送电。

（8）工作完毕后，应做好相关记录存档备查。

三、电工作业安全制度

1. 作业准备

（1）熟悉车间供电系统的供电设施，知道各总开关、分开关的控制范围和线路布置。

（2）熟悉生产线上各种设备的电传动原理和生产工艺对电传

动的要求，了解常见故障的检查和排除方法。

（3）熟悉生产线上各种电控设施的原理性能和电气控制对设备操作、生产工艺的影响。

（4）熟悉电控系统的结构和元件位置、维护和调整方法以及常见故障的检查和排除方法。

（5）熟悉电力行业标准，正确掌握符合要求的元件选用、布置和具体操作方法。

（6）准备和检查工具和安全防护用品，确保有效和安全。

2. 作业过程

（1）车间供电是否正常，如果不正常应首先恢复供电，特别要保证重要设备、主要生产线的正常供电，如织机等。

（2）定期巡检，检查电气操作和电气控制系统是否灵活有效可靠。

（3）检查供电系统是否安全，包括车间进线总开关、各分开关、各条线路以及线路上的附属装置、用电装置、用电设施、安全设施和安全标志是否完好、有效、可靠。

（4）检查各类人员用电操作是否符合规定，发现不符合应立即纠正。

（5）上述各项检查中如发现隐患立即采取处理措施，做到生产正常、质量符合要求、安全符合规定。

3. 修理和维护作业

接受修理和维护任务或检查修理请求时应迅速到达现场工作。对电气设施进行检查、维护和修理（包括调试和试验作业）时应按下列程序进行：

（1）了解作业目的确定作业方法和顺序，如果作业是为了消除故障应了解故障现象并分析原因和确定检查（包括调试和试验）顺序和排除故障的方法。

（2）严格按照电力行业标准的有关规定操作。如果需要开断电源，应在开关上醒目处挂上“不准合闸”标志。

（3）如果在检查或调试过程需要观察机械动作，应按机械维修的有关规定进行或有机械维修工在场协同；作业完毕应有操作工或机械维修工在场操作和观察以证实设备运转正常。

（4）如果是为了迅速恢复生产而采取临时措施，应将情况和注意事项向操作工或机械维修工说明并向班长报告以便安排处理措施。

（5）离场前应再次检查以确认设施完好完全并清理作业场所。

（6）做维修、换件或试验记录。

4. 安装作业

（1）严格按电气安装的有关规定、规程，合理选用元件和确定线路走向、设施布置和安装工艺。

（2）严格按照电力行业标准的有关规定操作。

（3）安装后应进行试通电或试运行，并经使用人认可和向使用人交代注意事项。安装电气设施也包括安装电气操作标识和电气安全标识。

（4）安装临时性的供电设施，事前应经领导同意，事后应及时拆除。

（5）离场前应再次检查以确认设施完好安全并清理作业场所。

（6）下班前应再次巡检设施，督促操作人员清扫设备。

（7）如果有记录要求，应做好记录。

5. 安全注意事项

（1）保障供电、用电安全，保证电气设施的安全是电工的首要职责。维修电工应对经手修理、安装、检查的电气设施的安全性能负责。

（2）每项工作完成都应全面检查以确认电气设施安全可靠，每项工作完成都应清理场地确保文明生产。

（3）合理安排时间和顺序对电器设施进行下述作业：

安全保护设施（如漏电开关）的性能试验；电柜、电器的清扫维护；为电动机检查和添加润滑脂；注意自身安全做好个人安全防护，带电作业和高处作业要有足够的安全措施；掌握维修备件情况，充分利用时间准备和制作备件、修复待修件，整理拆卸回待再使用的器件、电线，并分类存放妥善保管。

清扫和整理工作间，及时清理废旧物料、整顿工具备件，保持工作间的文明整洁。

（4）电气线路、供配电设备，必须合理设计、正确安装、按规定使用。

（5）电气设备的安装、接拆电线，必须由专职电工进行，任何人不得私自乱接、乱拉电线。

（6）对使用电线、开关、保险、插销、照明灯具、电炉、电动机等电气设备的职工，要加强安全用电知识教育，避免因使用不当引起触电或火灾事故发生。

（7）对电气设备应加强检查、维护，防止着火和爆炸。

（8）定期巡检，防止路线老化。

（9）易燃易爆场所要按规定选用防爆电气、防爆开关和灯具，线路要求在保护套管内。

（10）接拉临时线要经过所在部门领导批准，按规定要求由专人负责，用完后立即拆除。

（11）按规定设置避雷装置和导除静电的接地装置，并定期进行校验，使其符合安全要求。

（12）配电房要求严密，防止小动物进入引起短路，防止漏雨导致漏电。

（13）发生电气火灾时，应先切断电源，再进行扑救。扑救时严禁使用泡沫灭火器，一定要用干粉灭火器和二氧化碳灭火器。

（14）对电器检修。必须停电作业,并在电源开关把上挂有“有人作业”“禁止合闸”的标志牌。停电、放电、验电和检修，必须由作业负责人指派专人监护，否则不得进行作业。一般禁止带电作业，必须带电检修时，应经两位领导同时批准，并采取可靠的安全措施后进行。检修人和监护人必须是有实践经验的电工，要有至少两年以上电工证人员在场。

（15）电气作业人员上岗，应按规定穿戴好劳动防护用品和正确使用符合安全要求的电气工具和消防器材。

（16）值班人员应在工作期间内对运行中的电气设备进行巡视，监视设备的运行情况，做好记录和交接。

（17）经批准必须带电检修时，应采取可靠的安全措施，并由有实践经验的人员担任监护，否则不允许作业。

（18）更换熔断器，要严格按照规定选用熔丝，不得任意用其他金属丝代替。

四、农村电工安全作业制度

（1）乡村电工应具备的基本条件：

1）身体健康，无妨碍工作的病症。

2）具有初中及以上文化程度的中青年。

3）熟悉有关电力安全、技术法规，熟练掌握操作技能。

4）必须经县级电力部门培训考试合格，持证上岗。

（2）乡村电工必须遵守特种作业制度，认真做好本职工作。努力学习专业技术，接受培训和年度考核。

（3）用电设施必须进行定期和不定期的巡视检查。

1）用电设施的定期进行巡视检查工作。

2）配电变压器，每月巡视检查一次。检查变压器台（架）是否符合规程要求；变压器有无渗漏油；油位、声音是否正常；一二次接线端子及熔断器和熔体有无异常情况；绝缘瓷件与接地装置有无松脱、破损、丢失等。

3）配电室（箱），每周至少巡视检查一次。检查屋顶是否漏雨，门、窗是否完整，有无损坏；检查开关、仪表及保护等电气装置的运行状况；配线及各部接线端子有无过热、松动等现象。

4）各级漏电保护器每月至少巡视检查、试跳一次。按照《农村低压电力技术规程》的规定做好运行维护和检查试验记录。

5）低压电力线路每月巡视检查一次。

检查内容包括：

①架空电力线路下面有无盖房和堆放谷物、柴草等易燃物。

②架空线、电力电缆、地埋线路附近有无打井、修渠、整地、挖坑取土、开山放炮、雨水冲刷等威胁安全运行的情况，地埋线路标志有无损坏或遗失。

③架空电力线路的弧垂与地面及相邻建筑物（或树木）的垂直距离和水平距离是否合格。

④架空电力线路与通信线和广播线交叉跨越的距离是否合格。

⑤导线是否有损伤、断股，导线或杆上有无悬挂物。

⑥过引线或引下线与电杆、横担、拉线的距离是否合格。

⑦导线、过引线、引下线的接头是否良好。

⑧铁附件有无锈蚀、螺栓脱落松动，横担是否严重腐蚀（朽）或歪斜。

⑨电杆埋深是否符合规定，杆身有无倾斜、基础下沉，水泥杆有无严重裂纹、露筋，木杆有无腐朽现象。

⑩拉线有无松弛、断股、锈蚀、底把上拔、受力不均、拉线绝缘子损伤等现象。

6）接户线、套户线、进户线、室内配线每季至少巡视检查一次。检查内容包括：

①用户有无私拉乱接现象，计费电表有无异常或损坏，接线端子有无松脱现象。

②接户线、套户线的安全距离是否符合规程规定。

③绝缘导线有无过载现象，绝缘层有无破损，接头是否合格，绝缘包扎是否良好，导线固定是否牢固。

④进户线开关、熔断器是否完整，熔体是否合格。

⑤接户线、套户线、进户线与广播线或金属晾衣线在晃动最大时的安全距离是否符合规定。

⑥照明装置是否完整，对地距离是否符合要求。

⑦家用电器具安装及使用是否安全，保护措施是否完善，电源线及插座、开关是否安全可靠。

（4）配电室（箱）的主要维护内容：

1）修理漏雨的配电室（箱）和损坏的门窗。

2）清扫配电盘，修理损坏的设备和仪表。

3）更换或紧固各部接线端子。

4）修理或更换损坏的绝缘引线和接地线。

（5）电力线和接户线、套户线、进户线的主要维护内容：

1）更换和补强断股的导线，处理接触不良接头，更换松脱的绑线。

2）调整导线弧垂，调整过引线、引下线对地面和相邻部件的距离。

3）清扫和更换不合格的绝缘子及用具。

4）调整或更换拉线，紧固各部件的螺母。

5）补强和更换电杆、横担及接户线支架。

6）调整倾斜的电杆和横担，对杆根进行培土、夯实和木杆杆根的防腐处理。

7）修剪小于线路保护范围的树枝、竹子。

8）修补和更换绝缘损坏的接户线、套户线、进户线及穿墙套管。

（6）室内线和照明装置及家用电器的维护内容：

1）修补或更换破损的绝缘线和用电器具。

2）紧固或更换破损的绝缘件。

3）测量家用电器的绝缘。

4）修补不合格的保护接地装置或接零线。

安全妙语“谨”上添花

电工上岗很苛刻　　培训学习要考核
操作要填工作票　　上级批准很重要
操作电闸有顺序　　不可随便当儿戏
线路勤检勤维护　　保障生产无事故

第四章

安全工具的使用

第一节 安全工具术语

一、安全工具

安全工具是用于防止触电、灼伤、坠落、摔跌等事故，保障工作人员人身安全的各种专用工具和器具。

安全工具分为绝缘安全工具和一般防护安全工具、安全围栏（网）和标示牌三大类。绝缘安全工器具又分为基本绝缘和辅助绝缘安全工具。

二、基本绝缘安全工具

基本绝缘安全工具是指直接操作带电设备或接触及可能接触带电体的工具，如验电器、绝缘杆、绝缘夹钳、核相器、绝缘绳、绝缘罩、绝缘隔板等。

这类工具和带电作业工具的区别在于工作过程中为短时间接触带电体或非接触带电体。

三、辅助绝缘安全工具

辅助绝缘安全工具是指绝缘强度不承受设备或线路的工作电压，只是用于加强基本绝缘安全工具的保安作用，用以防止接触电压、跨步电压、泄漏电流电弧对操作人员的伤害，不能用辅助绝缘安全工器具直接接触高压设备带电部分。这一类安全工具主要有绝缘手套、绝缘靴、绝缘胶垫等。

四、一般防护用具

一般防护用具是指用来保护并防止工作人员发生事故的工具，如安全带、护目镜、防毒呼吸器、安全帽等。实际中将登高用的脚扣、升降板、梯子等也归入本类。

安全妙语"谨"上添花

电气作业危险高　加强防护才可靠
要想操作保安全　安全工具不可少

第二节　安全工具的使用与维护

一、安全工具的购置

（1）凡购置使用安全工具的单位或部门都必须严把产品质量关，购置经国家相关检验机构鉴定合格的产品。

（2）购置安全工具时，应要求厂家提供经国家相关检验机构鉴定的合格证书和符合国家、行业标准的产品证明资料。采购部门不得购入"三无"（无生产许可证、无专业机构鉴定合格证、无出厂试验报告或合格证）产品，并对所购产品质量负责。

（3）每年由各部门编制安全技术和劳动保护措施计划，并上报公司审核批准，安全工具的购置费用从公司批准下达的年度安全技术和劳动保护措施计划费用中开支。对于数量较大、较为普遍的安全工器具由公司统一进行招标购置。

（4）公司鼓励各部门使用符合国家或行业要求的新技术、新材料、新产品，但必须有相关产品鉴定合格证。

二、安全工具的管理

（1）公用安全工具由使用部门设专人管理，按定置管理要求摆放在专用箱柜内。个人专用安全工具由个人负责保管。安全工具上的编号应清晰、完整，不易脱落，并建立台账。注明编号、规格、配置、试验、报废日期等内容。记录台账、试验合格证与实物要一一对应。

（2）各部门每年编制安全技术劳动保护措施计划时，应列入需新购置的安全工具的品种、规格、数量，经本部门领导审核后报公司安全监察部门备案。各部门安全监察部门应对安全工具的合格有效、保管及定期试验等进行监督检查。

（3）安全工具的领用、报废应由本公司使用部门提出，经安全监察部门审核批准后执行。报废的安全工器具由各使用单位统一回收妥善处理，同时注销台账资料。

三、安全工具的使用

1. 安全工具使用的基本要求

（1）作业前，工作人员要根据工作需要选择合适、合格的安全工具，使用前必须检查，确保完好无损。

（2）使用中应严格按《电业安全工作规程》、使用说明书及有关规定的要求正确使用、配戴。

（3）使用完毕及时收回，对号放入专用箱柜，摆放整齐。

（4）安全工具应按有关规定要求进行试验或检验，试验或检验不合格者严禁使用。

2. 常用安全工具的使用要求

（1）绝缘杆。绝缘杆使用前必须核对与所操作电气设备的电压等级是否相符，外观是否完好，试验期限是否过期。如发现破损、裂纹等缺陷禁止使用。

使用绝缘杆时，人体应与带电设备保持足够的安全距离，防止绝缘杆被人体或设备短接，保持有效的绝缘长度。雨天在户外使用时，绝缘杆应装有防雨罩，罩的上口应与绝缘部分紧密结合，无渗漏现象。

使用过程中必须防止绝缘杆与其他物体碰撞而损坏表面绝缘漆。严禁将绝缘杆移作他用，绝缘杆不得直接与墙壁或地面接触，以防破坏绝缘性能。工作完毕应将绝缘杆放在干燥、特制的架子上或垂直地悬挂在专用的挂架上，严禁放置在潮湿的地方。

（2）绝缘夹钳。绝缘夹钳只允许在 35 kV 及以下的电气设备上使用，使用时应戴护目镜、绝缘手套，穿绝缘靴（鞋）或站在绝缘台垫上，精神集中，保持身体平衡，握紧绝缘夹钳使其不滑脱落下。

潮湿天气应使用专门的防雨绝缘夹钳。严禁在绝缘夹钳上装接地线，以免接地线在空中游荡触碰带电部分造成接地短路或人身触电事故。绝缘夹钳使用完毕应保存在专用的箱子或匣子里以防受潮和磨损。

（3）高压验电器。电容型验电器上应标有电压等级、制造厂和出厂编号。使用前必须核准是否与被检验电气设备或线路的电压等级一致，外观是否完好，绝缘部分无污垢、损伤、裂纹，手动检验声光显示应完好，试验期限应符合规定。如在木梯、木杆或在木架上验电，不接地不能指示时，经运行值班负责人和工作负责人同意后，可在验电器绝缘杆尾部装上接地线，但要保持与

带电体的安全距离，勿使接地线碰及带电体。

使用抽拉式电容型验电器时，绝缘杆应完全拉开。绝缘杆长度应与电压等级相对应。验电时工作人员必须戴绝缘手套，手握在护环下侧握柄部分，先将验电器在带电设备上进行试验，确认验电器良好后再对被验设备进行验电。严禁用低压验电器测试高压电器设备是否带电。

（4）高压核相器。核相器应存放在指定的干燥通风处，外表面必须保持清洁、干燥。每次使用前应检查其阻抗值、电压等级、试验期限。核相工作由有操作经验的两名操作人员担任，身体与引下线间应保持足够安全距离，并严格按使用操作说明书的要求正确使用，接地端要确保可靠接地。

（5）绝缘手套。绝缘手套使用前先进行外观检查，不得有裂纹、气泡、破漏、划痕等缺陷，然后将手套筒吹气压紧，沿筒边朝手指方向卷曲卷到一定程度,若手指鼓起证明无破漏。如有漏气、裂纹禁止使用。使用绝缘手套，外衣袖口应塞在绝缘手套筒身内。

使用完毕应擦净晾干，可在绝缘手套内洒一些滑石粉以免粘连。绝缘手套要保存在干燥阴凉的地方，可倒置在指形架上或存放在专用柜内，上面不得堆压任何物件，也不得与石油类油脂接触。

（6）绝缘鞋。进入高压场地进行巡视操作、事故处理、检修等工作时，应按要求穿绝缘鞋。绝缘鞋使用前应进行外观检查，确认表面无损伤、磨损、裂纹或破漏划痕等缺陷方可使用，如发现上述缺陷，应立即停止使用并及时更换。使用时避免接触尖锐物体、高温和腐蚀性物质，防止受到损伤。

绝缘鞋严禁挪作他用，使用完毕应存放在干燥通风的工具室（柜）内，其上面不得堆压任何物件，也不得与石油类油脂接触。

发现绝缘鞋底面磨损严重，露出黄色绝缘层或试验不合格者不得使用。

（7）绝缘垫。绝缘垫应保持清洁干燥，不得与酸、碱及各种油类物质接触。绝缘垫老化龟裂变黏，绝缘性能下降时应及时更换。绝缘垫应避免阳光直射或锐利金属划刺。绝缘垫不能靠近热源存放，以免加剧老化变质。

（8）绝缘隔板和绝缘罩。绝缘隔板只允许在 35 kV 及以下电压的电气设备上使用，并应有足够的绝缘和机械强度。用于 10 kV 电压等级时，绝缘隔板的厚度不得小于 3 mm；用于 35 kV 电压等级时不得小于 4 mm。绝缘隔板和绝缘罩表面应洁净、端面不得有分层或开裂，绝缘罩内外应整洁，不得有裂纹或损伤。现场带电安放绝缘隔板或绝缘罩时，应戴绝缘手套，穿绝缘鞋（靴）。在放置和使用过程中要防止脱落，必要时可用绝缘绳索将其固定。

（9）安全带。使用前应作外观检查，挂钩的钩舌咬口平整不错位，保险装置完整可靠，绳索、组件等完好无损，发现变质破损及金属配件有断裂者严禁使用。

安全带应系在牢固的物体上，禁止系挂在移动或不牢固的物件上，不得系在棱角锋利处。在杆塔上工作时，应将安全带后备保护绳系在安全牢固的构件上，不得失去后备保护。

安全带要高挂和平行拴挂，禁止低挂高用。人和挂钩保持绳长的距离，并应将活梁卡子系紧。保险带、绳长度在 3 m 以上的安全带，使用时应配缓冲器。

线路高处作业时要使用全身式安全带。安全带上各部件不得任意拆除，更换新绳时要注意加绳套带子，有效使用期内发现安全隐患缺陷应及时修理或报废。安全带可放入低温水中用肥皂轻轻擦洗，再用清水漂洗干净，然后晒干。不允许用热水清洗，也不准在日光下曝晒或火烤。

存放安全带时，应避免与高温、明火、酸类物质、有锐角的坚硬物体及化学药品接触。

（10）安全帽。任何人进入生产现场（办公室、会议室、控制室、值班室和检修班组室除外），必须正确佩戴安全帽。安全帽的颜色及标示应符合标准。安全帽使用前应进行外观检查，衬带和帽衬应完好，并能起到防护作用。发电厂、变电站内应设置专用的放置地点整齐存放安全帽。

（11）接地线。接地线应用多股软铜线，其截面应满足短路电流的要求，但不得小于 25 mm²，长度要满足现场需要；接地线要有透明外护层，厚度大于 1 mm。使用接地线前必须进行外观检查，接地线应完好，夹头和铜线连接应牢固。如发现绞线松股、断股、护套严重破损、夹具断裂松动等不得使用。装设接地线前必须先经验电，确证无电后由一人监护另一人操作，操作人员必须戴上绝缘手套并使用绝缘杆操作。

严禁用抛挂的方式装设接地线。接地线应采用三相短路式，若使用分相式接地线，应设置三相合一的接地端。接地线拆装顺序为：装设时先接接地端，后接导体端；拆除时顺序与此相反。装设接地线夹头必须夹紧，以防短路电流较大时因接触不良熔断或因电动力作用而脱落。严禁用缠绕办法短路或接地。接地线与检修部分之间不得连有断路器（开关）或熔断器（保险），以防工作过程中因断开而失去接地作用。

接地线应规范编号使用，并注明电压等级。接地线编号及装设位置应记入操作票和工作票中，避免误拆、漏拆接地线造成事故。

接地线应收放整齐，放置位置应按编号对号入座。个人保安接地线仅作为预防感应电使用，不得以此代替工作接地线。只有在工作接地线挂好后，方可在工作相上挂个人保安接地线。

个人保安接地线由工作人员自行负责保管、检查和使用，由截面积不小于 16 mm^2 的软铜线和外层绝缘护套组成。凡在 110 kV 及以上同杆并架或相邻的平行有感应的线路上停电工作时应在工作相上使用，不准采用搭连虚接地的方法接地。工作结束时，工作人员拆除所挂的个人保安接地线。

（12）脚扣。脚扣使用人员必须是经过培训，并掌握攀高技能的人员。使用前应按电杆规格选择合适的脚扣，并检查金属母材及焊缝无任何裂纹和可目测到的变形；皮带完好，无霉变、裂缝或严重变形；小爪连接牢固，活动灵活，橡胶防滑块（套）完好，无破损。有腐蚀裂纹的禁止使用。

正式攀登前应对脚扣作人体冲击试登，判断脚扣是否有变形和损伤。登杆前应将脚扣登板的皮带系牢，登杆过程中应根据杆粗细随时调整脚扣尺寸。禁止用绳子或电线代替脚扣的系脚皮带。禁止将脚扣随意从高处往下摔扔，用毕应整齐地存放在工具柜中。

（13）升降板。使用升降板者必须经培训合格。升降板在雨天使用时，要采取防滑措施。使用前应作外观检查，各部分无腐蚀裂纹并经人体冲击试验合格。禁止随意从杆上往下摔扔升降板，用毕应整齐地存放在工具柜中。

（14）梯子。梯子应有足够的机械强度，并至少能承受工作人员携带工具攀登时的总重量。梯子使用前，应进行外观检查，并放置稳固进行试登，确诊可靠后方可使用。梯子不得随意接长、垫高或放在门前、通道上使用，必须使用时，要有可靠的安全措施。

为避免靠梯翻倒或滑落，在梯子上工作时，梯子与地面的倾斜角度应为65° 左右，工作人员必须登在距梯顶不少于2档的梯蹬上工作，有人在梯子上工作时应有人扶梯和监护，必要时还应进行绑固。不准以骑马方式在人字梯上作业。

在光滑坚硬的地面上使用时，梯脚应加装胶套或胶垫，用在泥土地面时梯脚应加铁尖。人字梯应具有坚固的铰链和限制开度的拉链。在变电站高压设备区或高压室内必须使用绝缘材料制作的梯子，禁止使用金属梯子。

搬动梯子时，应放倒两人搬运，并与带电部分保持安全距离。靠在管子、导线上使用时其上端必须用挂钩挂住和用绳索绑牢。有人在梯子上工作时，严禁移动梯子，严禁上下抛递工具、材料。

（15）安全绳。安全绳使用前应进行外观检查，凡连接铁件有裂纹或变形，锁扣失灵，腈纶绳断股时均不得使用。安全绳必须高挂低用，若高处确无挂点，可挂在等高处，但不得低挂高用。存放安全绳应避免与高温明火、酸类物质、有锐角的坚硬物体及化学药品接触。

（16）安全网。安全网在使用前应检查网、绳是否完好，不得用其他绳索代替。一张安全网不够大时可以拼接，但应正确安装使用。存放安全网应避免与高温明火、酸类物质、有锐角的坚硬物体及化学药品接触。

（17）护目镜。凡在烟灰尘粒、金属末儿飞扬的工作场所和在强光刺眼的环境下工作，应配戴护目镜。不同的工作场所和工作性质选用相应性能的护目镜。护目镜应存放在专用的镜盒内，并放入专门工具柜内。

（18）过滤式防毒面具（以下简称防毒面具）。使用过滤式防毒面具时，空气中氧气浓度不得低于18%，温度为-30～45℃，不能用于槽、罐等密闭容器环境。使用者应根据其面型尺寸选配适宜的面罩号码。使用前应检查面具的完整性和气密性，面罩密合框应与佩戴者颜面密合，无明显压痛感。使用中应注意有无泄漏和滤毒罐失效。防毒面具的过滤剂有一定的使用时间，一般为30～100 min。过滤剂失去过滤作用（面具有特殊气味）时，应及时更换。

（19）正压式消防呼吸器（以下简称空气呼吸器）。使用者应根据其面型尺寸选配适宜的面罩号码。使用前应检查面具的完整性和气密性，面罩密合框应与人体面部密合良好，无明显压痛感。应按产品使用说明书要求正确使用。使用中应注意有无泄漏。

（20）其他。工作人员工作时，应穿着合适的工作服，生产现场应穿纯绵长袖工作服。工作人员在转动的机器附近工作时，工作服不应有可能被转动的机器绞住的部分，工作时衣服扣和袖口扣必须扣好，禁止戴围巾和穿长衣服。

工作服禁用尼龙化纤或其他混纺布料制作。化学工作人员、电焊工应戴专用手套和穿特殊的专用工作服。从事有毒、有害危险工作时，应加强通风、使用防毒呼吸器和采用专用防护用具等保护措施。

四、安全工器具的配置

（1）公用安全工器具按工作性质或工作需要配置到生产班组（厂、站）。

（2）个人专用安全工器具由各单位按专业（工种）性质或岗位需要配置到个人。

（3）各班组和个人应配置的安全工器具的种类及数量，由各单位根据工作实际制定具体的配置标准、无人值班变电站安全工器具的配置可少于有人值班变电站，但站内必须配置满足正常安全生产所必须的安全工器具。

（4）生产办公大楼、调度室、物资仓库、变电站控制室等场所，可根据实际情况配置满足需要的安全防护用品。

（5）有室内 SF6 设备的变电站（开关站）应配置 SF6 气体检漏仪。

五、安全工器具的维护

（1）公用安全工器具至少每三个月进行一次清理及外观检查，发现缺陷及时修复，不能修复或进行相关试验后不合格者必须报废。

（2）个人专用安全工器具由个人进行维护。

（3）报废的安全工器具要及时清账，不能与合格者混放，防止误用。

（4）班组安全员参与安全工器具的维护工作。

（5）公用或个人专用安全工器具在接近试验有效期时，应及时安排计划，送电力试验所试验。

六、安全工具的试验

（1）安全工器具按国家有关标准及规定的试验项目、周期和要求进行，由有试验能力的部门或委托有资质的试验机构进行检测试验，并建立检测试验记录台账。

（2）电气绝缘工器具检测工作应在每年雨季前完成。

（3）经检测试验合格者应在合适醒目位置粘贴试验合格证，

合格证内标明安全工器具名称、编号、本次试验日期、下次试验日期和试验人等。

七、安全工器具的保管

（1）新购置的安全工器具应按仓库物资管理规定妥善保管。新购置的安全工器具必须有出厂合格证，才能入库保管。

（2）存放安全工器具的库房应干燥、通风良好，安全工器具应整齐摆放在货架上，并建立台账。

（3）安全工器具的发放由安监部门负责，并做好发放记录。

（4）出库的安全工器具由使用部门负责保管。绝缘安全工器具应存放在温度 –15 ~ 35℃，相对湿度 5% ~ 80% 通风的工具室（柜）内。

八、其他规定

（1）各单位必须为从业人员提供符合国家标准或行业标准的劳动保护用品和安全用具，并监督、教育从业人员按照使用要求佩戴、使用。

（2）工作人员应正确佩戴、使用劳动防护用品和安全工器具，并相互监督。

安全妙语“谨”上添花

电气作业有规矩　安全工具要备齐
勤作维护常检查　防护效果顶呱呱

第五章

家庭用电安全

第一节　家庭安全用电必读

（1）每个家庭必须具备一些必要的电工器具，如验电笔、螺丝刀、胶钳等，还必须备有适合家用电器使用的各种规格的保险丝。

（2）每户家用电表前必须装有总保险，电表后应装有总刀闸和漏电保护开关。

（3）任何情况下严禁用铜、铁丝代替保险丝。保险丝的规格一定要与用电容量匹配。更换保险丝时要拔下瓷盒盖更换，不得直接在瓷盒内搭接保险丝，不得在带电情况下（未拉开刀闸）更换保险丝。

（4）烧断保险丝或漏电开关动作后，必须查明原因才能再合上电源开关。任何情况下不得用导线将保险短接或者压住漏电开关跳闸机构强行送电。

（5）购买家用电器时应认真查看产品说明书的技术参数（如

频率、电压等）是否符合本地用电要求。要清楚耗电功率多少、家庭已有的供电能力是否满足要求，特别是配线容量、插头、插座、保险丝具、电表是否满足要求。

（6）当家用配电设备不能满足家用电器容量要求时，要更换改造，严禁凑合使用。否则超负荷运行会损坏电气设备，还可能引起电气火灾。

（7）购买家用电器还应了解其绝缘性能，是一般绝缘、加强绝缘还是双重绝缘。如果是靠接地作漏电保护的，则接地线必不可少。即使是加强绝缘或双重绝缘的电气设备，作保护接地或保护接零亦有好处。

（8）带有电动机类的家用电器（如电风扇等），还应了解耐热水平，是否允许长时间连续运行。要注意家用电器的散热条件。

（9）安装家用电器前应查看产品说明书对安装环境的要求，特别注意不要把家用电器安装在湿热、灰尘多或有易燃、易爆、腐蚀性气体的环境中。

（10）在敷设室内配线时，相线、零线应标志明晰，并与家用电器接线保持一致，不得互相接错。

（11）家用电器与电源连接，必须采用可断开的开关或插接头，禁止将导线直接插入插座孔。

（12）凡要求有保护接地或保安接零的家用电器，都应采用三脚插头和三眼插座，不得用双脚插头和双眼插座代用，造成接地（或接零）线空档。

（13）家庭配线中间最好没有接头。必须有接头时应接触牢固并用绝缘胶布缠绕，或者用瓷接线盒。禁止用医用胶布代替电工胶布包扎接头。

（14）导线与开关，刀闸、保险盒、灯头等的连接应牢固可靠,接触良好。多胶软铜线接头应拢绞合后再放到接头螺丝垫片下，防止细股线散开碰另一接头造成短路。

（15）家庭配线不得直接敷设在易燃的建筑材料上面，如需在木料上布线必须使用瓷珠或瓷夹子；穿越木板必须使用瓷套管。不得使用易燃塑料和其他的易燃材料作为装饰用料。

（16）接地或接零线虽然正常时不带电，但断线后如遇漏电会使电器外壳带电；如遇短路，接地线亦通过大电流。为其安全，接地（接零）线规格应不小于相导线,在其上不得装开关或保险丝，也不得有接头。

（17）接地线不得接在自来水管上（因为现在自来水管接头堵漏用的都是绝缘带，没有接地效果）；不得接在煤气管上（以防电火花引起煤气爆炸）；不得接在电话线的地线上；也不得接在避雷线的引下线上（以防雷电时反击）。

（18）所有的开关、刀闸、保险盒都必须有盖。胶木盖板老化、残缺不全时必须更换。脏污受潮时必须停电擦抹干净后才能使用。

（19）电源线不要拖放在地面上，以防电源线绊人，并防止损坏绝缘。

（20）家用电器试用前应对照说明书，将所有开关、按钮都置于原始停机位置，然后按说明书要求的开停操作顺序操作。如果有运动部件，如摇头风扇，应事先考虑足够的运动空间。

（21）家用电器通电后发现冒火花、冒烟或有烧焦味等异常情况时，应立即停机并切断电源进行检查。

（22）移动家用电器时一定要切断电源，以防触电。

（23）发热电器周围必须远离易燃物料。电炉子，取暖炉、电熨斗等发热电器，不得直接搁在木板上，以免引起火灾。

（24）禁止用湿手接触带电的开关；禁止用湿手拔、插电源插头；拔、插电源插头时手指不得接触触头的金属部分；也不能用湿手更换电气元件或灯泡。

（25）对于经常手拿使用的家用电器（如电吹风、电烙铁等），切忌将电线缠绕在手上使用。

（26）对于接触人体的家用电器，如电热毯、电油帽、电热足鞋等，使用前应通电试验检查，确无漏电后才接触人体。

（27）禁止用拖导线的方法来移动家用电器；禁止用拖导线的方法来拔插头。

（28）使用家用电器时，先插上不带电侧的插座，最后才合上刀闸或插上带电侧插座；停用家用电器则相反，先拉开带电侧刀闸或拔出带电侧插座，然后才拔出不带电侧的插座（如果需要拔出的话）。

（29）紧急情况需要切断电源导线时，必须用绝缘电工钳或带绝缘手柄的刀具。

（30）抢救触电人员时，首先要断开电源或用木板、绝缘杆挑开电源线，千万不要用手直接拖拉触电人员，以免连环触电。

（31）家用电器除电冰箱这类电器外，都要随手关掉电源，特别是电热类电器，要防止长时间发热造成火灾。

（32）除电热毯外，不要把带电的电气设备引上床，靠近睡眠的人体。即使使用电热毯，如果没有必要整夜通电保暖，也建议发热后断电使用，以保安全。

（33）家用电器烧焦、冒烟、着火，必须立即断开电源，切不可用水或泡沫灭火器灭火。

（34）对室内配线和电气设备要定期进行绝缘检查，发现破损要及时用电工胶布包缠。

（35）在雨季前或长时间不用又重新使用的家用电器，用500 V摇表测量其绝缘电阻应不低于1 MΩ，方可认为绝缘良好，可正常使用。如无摇表,至少也应用验电笔经常检查有无漏电现象。

（36）对经常使用的家用电器，应保持其干燥和清洁，不要用汽油、酒精、肥皂水、去污粉等带腐蚀或导电的液体擦抹家用电器表面。

（37）家用电器损坏后要请专业人员或送修理店修理；严禁非专业人员在带电情况下打开家用电器外壳。

安全妙语 “谨”上添花

家用电器种类繁　　乱接电线存隐患
安装使用要合理　　人身安全数第一

第二节　家庭用电小常识

一、高温季节用电安全注意事项

夏季高温炎热，而此时家用电器使用频繁。高温季节，人出汗多，手经常是汗湿的，而汗是导电的，出汗手与干燥手的电阻不一样。因此，在同样条件下，人出汗时触电的可能性和严重性均超过一般时候。所以，在夏季要特别注意以下事项。

（1）不要用手去移动正在运转的家用电器，如台扇、洗衣机、电视机等。如需搬动，应关上开关，并拔去插头。

（2）不要赤手赤脚去修理家中带电的线路或设备。如必须带电修理，应穿鞋并带手套。

（3）对夏季使用频繁的电器，如电淋浴器、台扇、洗衣机等，要采取一些实用的措施，防止触电，如经常用电笔测试金属外壳是否带电，加装触电保护器（漏电开关）等。

（4）夏季雨水多，使用水也多，如不慎家中浸水，首先应切断电源，即把家中的总开关或熔丝拉掉，以防止正在使用的家用电器因浸水、绝缘损坏而发生事故。其次切断电源后，将可能浸水的家用电器，搬移到不浸水的地方，防止绝缘浸水受潮，影响今后使用。如果电器设备已浸水，绝缘受潮的可能性很大，在再次使用前应对设备的绝缘用专用的摇表测试其绝缘电阻。如达到规定要求，可以使用，否则要对绝缘进行干燥处理，直到绝缘良好为止。

二、房屋装修中电气装修应注意事项

随着人民生活的日益提高、居室装修的质量要求越来越高，但追求美观的同时千万别忘了电气装修的注意事项：

（1）应该请经过考试合格，具有电工证的电工给您进行电气装修。

（2）所使用的电气材料必须是合格产品，如电线，开关、插座、漏电开关、灯具等。

（3）具体装修时，应做到以下事项。

1）在住宅的进线处，一定要加装带有过流保护、过压保护、漏电保护的三保护开关的配电箱。因为有了漏电开关，一旦家中发生漏电现象，如电器外壳带电，人身触电等，漏电开关会跳闸，从而保证人身安全。

2）屋内布线时，应将插座回路和照明回路分开布线，插座回路应采用截面不小于 2.5 mm^2 的单股绝缘铜线，照明回路应采用截面不小于 1.5 mm^2 的单股绝缘铜线，一般可使用塑料护套线。

3）具体布线时，所采用的塑料护套或其他绝缘导线不得直接埋在水泥或石灰粉刷层内。因为直接埋墙内的导线一般已固定在墙内，抽不出，拔不动。一旦某段线路发生损坏需要调换，只能凿开墙面重新布线。换线时，由于中间不能有接头，因为接头直接埋在墙内，随着时间的推移，接头处的绝缘胶布会老化，长期埋在墙内就会造成漏电。另外，大多数家庭的布线不会按图施工，也不会保存准确的布线图纸档案，当在家中墙上打个木枕、钉个钉子时，不留意就可能将直接埋在墙内的导线损坏，甚至钉子钉穿了导线造成相、中线短路，轻者爆断熔丝，重者短路时产生的电火花会灼伤钉钉子的人，甚至引起火灾。如果钉子只钉在相线上，钉子带电，人又站在地上，就很可能发生触电伤亡事故。所以，墙内导线应该穿管埋设。

4）插座安装高度一般距离地面高度 1.3 m，最低不应低于 0.15 m，插座接线时，对单相二孔插座，面对插座的左孔接工作零线，右孔接相线；对单相三孔插座，面对插座的左孔接工作零线，右孔接相线，上孔接零干线或接地线。严禁上孔与左孔用导线相连。

5）壁式开关安装高度一般距离地面高度不低于 1.3 m，距门框为 0.15 ~ 0.2 m。开关的接线应接在被控制的灯具或电器的相线上。

6）吊扇安装时，扇叶对地面的高度不应低于 2.5 m。吊灯安装时，灯具重量在 1 kg 以下时，可利用软导线作自身吊装，在吊线盒及灯头内的软导线必须打结。灯具重量超过 1 kg 时，应采用吊链、吊钩等，螺栓上端应与建筑物的预埋件卸接，导线不应受力。

三、插卡电表的正确使用方法

（1）用户输电时，请先将电卡表插孔的塑料防尘盖取下。

（2）将电卡缺口向上，平稳插入插孔内。

（3）等待 3 ~ 4 s，插孔左侧的储电器显示器灯亮，显示用户所购电量表内剩余电量的累加合计数，此时证明您所购电量已输入表内，30 s 后储电显示灯自动熄灭。

（4）将电卡拔出，盖好防尘盖，输电过程结束。

（5）每次购电后，务必在下一次购电前将上次电卡内的电量输入电卡表，否则将造成上一次的电量丢失，本次所购电也无法输入电卡表。

（6）用户若想了解用电情况，将电卡插入电卡表插孔，储电显示器变亮，显示用户表内的剩余电量，30 s 后自动熄灭。

（7）当储电器内的电量剩 20 kW · h（度），电表的显示器灯长亮，提醒用户尽快购电，当剩 10 kW · h 时电表自动停电一次警告速去购电，此时用户将电卡插入电卡表插孔内即恢复供电。当最后的 10 kW · h 用完后，电卡表自动终止供电，直到输入新购的电量后恢复供电。

（8）用户的用电负荷不能超过电卡表的额定容量。5（10）A

的额定容量为 2 200 W，10（20）A 的额定容量为 4 400 W，若客户的用电负荷超过电卡表的额定容量，电卡表将自动断电。当用户将用电负荷降至电表额定容量允许范围之内，再将电卡平稳的插入电卡表插孔内即恢复供电。

（9）安装新型电卡表（电卡表左下角有脉冲灯）的客户，在每次购电前必须插卡一次，以便回读用户的实际用电量。

安全妙语 “谨”上添花

家庭用电无小事　　稍有不慎酿祸迹
电器使用要合理　　装修布线守规矩